《中国大百科全书》普及版

CHIBIJIEDONGFENG XIANDAIQIXIANGYANJIU

赤壁借东风

现代气象研究 【大气科学卷】

中国大百科全书出版社

图书在版编目（CIP）数据

赤壁借东风：现代气象研究 /《中国大百科全书》普及版编委会编．—北京：中国大百科全书出版社，2018.12
（中国大百科全书：普及版）
ISBN 978-7-5202-0368-5

Ⅰ．①赤… Ⅱ．①中… Ⅲ．①气象学–普及读物 Ⅳ．①P4-49

中国版本图书馆CIP数据核字（2018）第266908号

总 策 划：刘晓东　陈义望
策划编辑：徐君慧
责任编辑：徐君慧
责任印制：邹景峰
出版发行：中国大百科全书出版社
地　　址：北京阜成门北大街17号　　邮编：100037
网　　址：http：//www.ecph.com.cn　　Tel：010-88390718
图文制作：北京华艺创世印刷设计有限公司
印　　刷：天津画中画印刷有限公司
字　　数：123千字
印　　数：3001～23000
印　　张：8
开　　本：710mm×1000mm　1/16
版　　次：2018年12月第1版
印　　次：2022年12月第2次印刷
书　　号：ISBN 978-7-5202-0368-5
定　　价：25.00元

前言

《中国大百科全书》是国家重点文化工程，是代表国家最高科学文化水平的权威工具书。全书的编纂工作一直得到党中央国务院的高度重视和支持，先后有三万多名各学科各领域最具代表性的科学家、专家学者参与其中。1993年按学科分卷出版完成了第一版，结束了中国没有百科全书的历史；2009年按条目汉语拼音顺序出版第二版，是中国第一部在编排方式上符合国际惯例的大型现代综合性百科全书。

《中国大百科全书》承担着弘扬中华文化、普及科学文化知识的重任。在人们的固有观念里，百科全书是一种用于查检知识和事实资料的工具书，但作为汲取知识的途径，百科全书的阅读功能却被大多数人所忽略。为了充分发挥《中国大百科全书》的功能，尤其是普及科学文化知识的功能，中国大百科全书出版社以系列丛书的方式推出了面向大众的《中国大百科全书》普及版。

《中国大百科全书》普及版为实现大众化和普及化的目标，在学科内容上，选取与大众学习、工作、生活密切相关的学科或知识领域，如文学、历史、艺术、科技等；在条目的选取上，侧重于学科或知识领域的基础性、实用性条目；在编纂方法上，为增加可读性，以章节形式整编条目内容，对过专、过深的内容进行删减、改编；在装帧形式上，在保持百科全书基本风格的基础上，封面和版式设计更加注重大众的阅读习惯。因此，普及版在充分体现知识性、准确性、权威性的前提下，增加了可读性，使其兼具工具书查检功能和大众读物的阅读功能，读者可以尽享阅读带来的愉悦。

百科全书被誉为“没有围墙的大学”，是覆盖人类社会各学科或知识领域的知识海洋。有人曾说过：“多则价谦，万物皆然，唯独知识例外。知识越丰富，则价值就越昂贵。”而知识重在积累，古语有云：“不积跬步，无以至千里；不积小流，无以成江海。”希望通过《中国大百科全书》普及版的出版，让百科全书走进千家万户，切实实现普及科学文化知识，提高民族素质的社会功能。

2013 年 6 月

目录

第一章 气象观测那点儿事

第二章 探寻天气的奥秘

第四章　大气污染与防治

第一章 气象观测那点儿事

[气象观测]

气象观测是研究测量和观察地球大气的物理和化学特性以及大气现象的方法和手段的一门学科。测量和观察的内容主要有大气气体成分浓度、气溶胶、温度、湿度、压力、风、大气湍流、蒸发、云、降水、辐射、大气能见度、大气电场、大气电导率以及雷电、虹、晕等。从学科上分，气象观测属于大气科学的一个分支。它包括地面气象观测、高空气象观测、大气遥感探测和气象卫星探测等，有时统称为大气探测。由各种手段组成的气象观测系统，能观测从地面到高层，从局地到全球的大气状态及其变化。

简史　大气中发生的各种现象，自古以来就为人们所注意，在中外古籍中都有较丰富的记载。但在16世纪以前主要是凭目力观测，除雨量测定（至迟在15世纪之前已经出现）外，其他特性的定量观测，则是17世纪以后的事。用仪器进行气象观测，经历了三个重要的发展阶段。16世纪末到20世纪初，是地面气

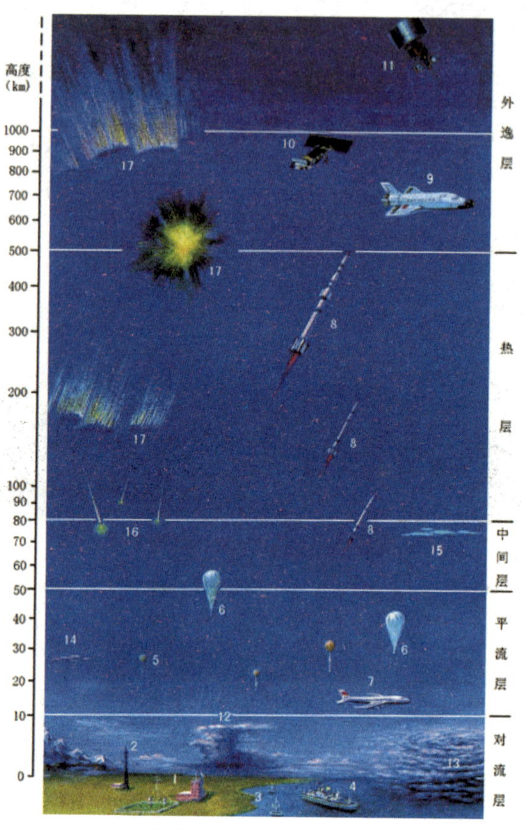

气象观测系统示意图

1 气象观测站　2 气象塔　3 浮标站　4 海洋天气船　5 探空气球　6 高空气球　7 气象飞机　8 气象火箭　9 航天飞机　10 极轨气象卫星　11 地球同步气象卫星　12 积雨云　13 台风　14 珠母云　15 夜光云　16 流星　17 极光

象观测的形成阶段。1597 年（有说 1593 年）意大利物理学家和天文学家伽利略发明空气温度表，1643 年 E. 托里拆利发明气压表。这些仪器以及其他观测仪器的陆续发明，使气象观测由定性描述向定量观测发展，在这阶段发明的气压表、温度表、湿度表、风向风速计、雨量器、蒸发皿、日射表等气象仪器，为逐步组建比较完善的地面气象观测站网和对近地面层气象要素进行日常的系统观测提供了物质基础，并为绘制天气图和气候图，开创近代天气分析和天气预报等的研究和业务提供了定量的科学依据。20 世纪 20 年代末至 60 年代初，是由地面观测发展到高空观测的阶段。随着无线电技术的发展，出现了无线电探空仪，得以测量各高度大气的温度、湿度、压力、风等气象要素，使气象观测突破了200多年来只能对近地面层大气进行系统测量的局限。到40年代中期，气象火箭把探测高度进一步抬升到100千米左右，同时气象雷达也开始应用于大气探测。这些高空探测技术的发展，使人们对大气三维空间的结构有了真正的了解。60年代初以来，气象观测进入了第三个阶段，即大气遥感探测阶段。它以1960年4月1日美国发射第一颗试验性气象卫星（“泰罗斯”1号）为主要标志。大气遥感不仅扩大了探测的空间范围，增强了探测的连续性，而且更增加了观测内容。一颗地球静止气象卫星可以提供几乎1/5地球范围内每隔10分钟左右的连续气象资料。

观测系统　一个较完整的现代气象观测系统由观测平台、观测仪器和资料处理等部分组成。

观测平台　根据特定要求安装仪器并进行观测工作的基点。地面气象站的观测场、气象塔、船舶、海上浮标和车辆等都属地面气象观测平台，气球、飞机、火箭、卫星和空间实验室等是普遍采用的高空气象观测平台。它们分别装载各种地面的和高空的气象观测仪器。

观测仪器　经过300多年的发展，应用于研究和业务的气象观测仪器，已有数十种之多，主要包括直接测量和遥感探测两类：前者通过各种类型的感应元件，将直接感应到的大气物理特性和化学特性，转换成机械的、电磁的或其他物理量进行测量，例如气压表、温度表、湿度表等；后者是接收来自不同距离上的大气信号或反射信号，从中反演出大气物理特性和化学特性的空间分布，例如气象雷达、声雷达、激光气象雷达、红外辐射计等。这些仪器广泛应用了力学、热学、电磁学、光学以及机械、电子、半导体、激光、红外和微波等科学技术领域的成果。此外，还有大气化学的痕量分析等手段。气象观测仪器必须满足以下要求：①能够适应各种复杂和恶劣的天气条件，保持性能长期稳定。②能够适应在不同天气气候条件下气象要素变化范围大的特点，具有很高的灵敏度、精确度和比较大的量程。此外，根据观测平台的工作条件，对观测仪器的体积、重量、结构和电源等方面，还有各种特殊要求。

资料处理 现代气象观测系统所获取的气象信息是大量的，要求高速度地分析处理，例如，一颗极轨气象卫星，每 12 小时内就能给出覆盖全球的资料，其水平空间分辨率达 1 千米左右。采用电子计算机等现代自动化技术分析处理资料，是现代气象观测中必不可少的环节。许多现代气象观测系统，都配备了小型或微型处理机，及时分析处理观测资料和实时给出结果。

气象观测网 气象观测网是组合各种气象观测和探测系统而建立起来的。基本上分为两大类：①常规观测网。长期稳定地进行观测，主要为日常天气预报、灾害性天气监测、气候监测等提供资料的观测系统。例如由世界各国的地面气象站（包括常规地面气象站、自动气象站和导航测风站）、海上漂浮（固定浮标、漂移浮标）站、船舶站和研究船、无线电探空站、航线飞机观测、火箭探空站、气象卫星及其接收站等组成的世界天气监视网（WWW），就是一个规模最大的近代全球气象观测网。这个观测网所获得的资料，通过全球通信网络可及时提供各国气象业务单位使用。此外，还有国际臭氧监测网、气候监测站等。②专题观测网。根据特定的研究课题，只在一定时期内开展观测工作的观测系统。例如 20 世纪 70 年代实施的全球大气研究计划第一次全球试验（FGGE）、日本的暴雨试验和美国的强风暴试验的观测网，就是为研究中长期大气过程和中小尺度天气系统等的发生发展规律而临时建立的。

组织气象观测网要耗费大量的人力和物力。如何根据实际需要，正确地选择观测项目，恰当地提出对观测仪器的技术要求，合理地确定仪器观测取样的频数和观测系统的空间布局，以取得最佳的观测效果，是一项重要的课题。

作用 气象观测是气象工作和大气科学发展的基础。由于大气现象及其物理过程的变化较快，影响因子复杂，除了大气本身各种尺度运动之间的相互作用外，太阳、海洋和地表状况等，都影响着大气的运动。虽然在一定简化条件下，对大气运动作了不少模拟研究，但组织局地或全球的气象观测网，获取完整准确的观测资料，仍是大气科学理论研究的主要途径。历史上的锋面、气旋、气团和大气长波等重大理论的建立，都是在气象观测提供新资料的基础上实现的。所以，不断引进其他科学领域的新技术成果，革新气象观测系统，是发展大气科学的重要措施。

气象观测记录和依据它编发的气象情报，除了为天气预报提供日常资料外，还通过长期积累和统计，加工成气候资料，为农业、林业、工业、交通、军事、水文、医疗卫生和环境保护等部门进行规划、设计和研究，提供重要的数据。采用大气遥感探测和高速通信传输技术组成的灾害性天气监测网，已经能够及时地直接向用户发布龙卷、强风暴和台风等灾害性天气警报。大气探测技术的发展为减轻或避免自然灾害造成的损失提供了条件。

[气象观测站]

专门从事气象观测业务的场所。气象观测站的主要工作包括：定时进行地面和高空各种气象要素的数据测量，对云和天气现象进行目力的观察判断、资料整理和储存，以及按时编发天气和气候统计资料。

气象观测站按其观测业务内容分为地面气象观测站、自动气象站、高空气象观测站。

地面气象观测站 专指观测近地面气象要素的观测站点，其观测内容非常广泛，包括空气温度、湿度、气压、风向和风速、降水量、蒸发量、能见度、天气现象、土壤温度、日照时数，以及太阳、大气和下垫面各种辐射能分量等。随着新探测元件和方法的出现，观测项目还在不断增加。一些专业化的地面气象观测站还需加测某些专门的内容。

地面气象观测应在专门的观测场地上进行。观测场应设置在能代表本地区大范围气象条件的开阔地点。

地面气象站按其任务不同，可分为以下几类：①天气站。主要为天气分析预报工作提供情报的气象站，包括陆地站、海上浮标站及船舶站等。②气候站。主要为气候分析研究积累资料而设的气象站。③专业气象站。由各专业部门根据本

身需要而设置的气象站，如农业气象站、林业气象站、水文气象站、海洋气象站、航空气象站等。④专项观测站。根据一些特殊需要设置的站，如辐射观测站、天电观测站、云雾物理观测站、大气本底污染监测站等，这些观测站可以设置在一般气象站内，也可以单独设置。

自动气象站 由微处理机或计算机控制，自动测量多种气象要素，并使用有线或无线通信方式，将观测记录发送出去的地面气象观测站，又称遥测气象站。

自动气象站包括探测元件或探头、数据采集系统、通信联络系统、主控微处理机或计算机以及电源五大部分，有些自动气象站还包括报警系统以及语音播报设施。此外还应设有可靠的避雷设施和电源设备。

高空气象观测站 专指进行近地面以上，二三十千米以下高空气象要素测量的站点。世界上有多种高空观测系统，站网中经常定期观测的称常规高空观测系统，以无线电探空仪为主要手段，以高空温、压、湿、风为主要探测对象。

各国所用无线电探空系统有所差别，其测试元件、发送信号的调制方式、射频频率和测风体制均有所不同。近来探空系统多向电测元件、数字调频方式过渡。测风方式主要有无线电经纬仪、一次雷达、二次雷达和导航测风系统以及正在迅速发展的GPS卫星定位系统。

[气温观测]

气温是表示空气冷热程度的物理量。气温的高低在微观上反映了空气分子不规则运动的平均动能大小。常采用摄氏温标（t℃）表示，也有的采用绝对温标（TK）和华氏温标（t'℉）表示。地面气温常指地表面以上1.25～2.0米某一高度的空气温度。中国地面气温的观测高度规定为1.5米。

温度表

气象上用来测量空气、土壤和水体温度的仪器。常用的测温仪器有玻璃管液体温度表、金属电阻温度表、热敏电阻温度表和热电偶温度表等。

玻璃管液体温度表　利用水银或酒精的热胀冷缩特性制成的测定温度的仪器。气象上常用的有水银温度表和酒精温度表。水银温度表的感应部分是一个充满水银的玻璃球部，它与玻璃毛细管相连，毛细管的另一端密封。温度变化时引起热胀冷缩，毛细管内的水银柱会随着上升（下降）。温度标尺一般都刻在白瓷片上，贴在薄壁的毛细管后面，然后在外面用玻璃套管保护。酒精温度表采用酒精作为测温物质。由于酒精的冻结点很低（-117℃），故适用于低温条件下测温。

最高温度表的构造与一般温度表不同，类同于体温表。当温度升高时，感应部分水银体积膨胀，挤入毛细管，而温度下降时，由于水银球部与毛细管间的通道狭窄，毛细管内的水银不能缩回感应部分，因而能指示出自前次调整后该段时间内的最高温度。

最低温度表中的感应液体是酒精，它的毛细管内有一个如哑铃形的游标，当温度下降酒精柱相应下降时，由于酒精柱顶端表面张力作用带动游标下降；而当温度上升时，膨胀的酒精经过游标四周缓慢地溢出，游标则仍停在原来位置上，因此它能指示自前次调整最低温度指标以来该段时间内的最低温度。

金属电阻温度表　利用金属电阻随温度变化的原理制成的温度表。常用的金属丝有铂、镍和铜。由于金属铂的物理、化学性能稳定，用它制成的铂电阻温度表性能良好，因此被广泛地应用于温度的遥测。

热敏电阻温度表　测温热敏电阻的原料是某些金属氧化物的混合物，例如氧化镁、氧化铜、氧化钴和氧化铁的混合物，在 800 ～ 900℃的高温下烧结而成。其阻值可达几十千欧。由于热敏电阻的温度系数大，温度的灵敏度也大，使得测量电路比较简单，灵敏度高于金属电阻温度表，被广泛用于遥测。

热电偶温度表　热电偶又称温差电偶。两种不同成分的金属导体连接在一起，形成一个闭合回路。当两个接点的温度不同时，在回路中就会产生热电动势，其大小与温差成正比。利用热电偶的这种特性可制成测定温度的仪器，即热电偶温度表。常见的有铂－铂铑热电偶、铜－铜热电偶、铁－铜热电偶等。热电偶温度

表常用于梯度观测及空气、土壤和水温的测定。

[湿度观测]

空气湿度是表示空气中水汽含量的多少或空气潮湿程度的物理量，简称湿度。常以下列湿度特征量表示。

混合比（γ）　湿空气中水汽质量（m_v）与干空气质量（m_d）之比，$\gamma=m_v/m_d$，以克／克或克／千克为单位。

比湿（q）　湿空气中水汽质量与湿空气质量（m_v+m_d）之比，$q=m_v/(m_v+m_d)$，单位为克／克或克／千克。饱和空气的混合比和比湿分别称为饱和混合比（γ_s）和饱和比湿（q_s）。

水汽压（e）　湿空气中的水汽分压强，单位与气压相同。在总气压为p，混合比为γ的湿空气内，水汽压为：

$$e=\frac{\gamma}{\gamma+0.622}p$$

纯水或纯冰平面上方的平衡水汽压分别称为纯水平面饱和水汽压$e_{s,w}$和纯冰平面饱和水汽压$e_{s,i}$，分别为

$$e_{s,w}=\frac{\gamma_{s,w}}{\gamma_{s,w}+0.622}p \qquad e_{s,i}=\frac{\gamma_{s,i}}{\gamma_{s,i}+0.622}p$$

相对湿度（f）　水汽压与相应温度下的饱和水汽压之比值的百分比数。

$$f=\frac{e}{e_{s,w}+0.622}p$$

绝对湿度（p_v）　又称水汽密度，表示湿空气中水汽质量m_v与湿空气体积V之比，即$p_v=m_v/V$，单位是克／厘米^{3}或克／米^3。

露点温度（T_d）和霜点温度（T_f）　在气压和水汽含量不变的情况下，降低湿空气的温度至平水面饱和时的温度和平冰面饱和时的温度分别称为露点温度和霜点温度，常用T_d、T_f表示。因为T_d、T_f下的饱和水汽压就等于降温前的实际水

汽压，因此 T_d、T_f 可以表示空气湿度。

湿度表

测量空气中的水汽含量的仪器。常用的测湿方法及其仪器有：热力学方法，如干湿球湿度表；降温冷却凝结方法，如露点（或霜点）湿度表；利用吸收或吸附水汽引起吸湿元件的电阻、电容变化的方法，如碳膜湿度片、湿敏电容等。

干湿球湿度表 由两支温度表构成，两支温度表球部大小和形状一样。一支温度表的球部包扎着纱布，用蒸馏水湿润后，所指示的温度为湿球温度 t_w，称湿球温度表；另一支温度表用来测量空气温度 t，称为干球温度表。

由于蒸发，湿球表面不断地消耗蒸发潜热，使湿球温度下降；与此同时由于气温与湿球的温差使四周空气与湿球产生对流热交换，在稳定平衡的条件下，蒸发支出的热量将等于由于与四周空气热交换得到的热量。根据干湿球温度表读数，可计算出空气湿度。

干湿球湿度表

露点仪 直接测量大气露点温度的仪器。传感器包括一个直径很小的（10 毫米左右）薄金属镜面，以及嵌在镜片背面的测温元件，由冷却装置和加热器进行镜面的温度调节。待测湿度的空气样本由气泵打入。当冷却系统使镜面温度达到露点以下时，水汽在镜面上产生凝结，因而可在某个角度上由光检测器测出较强的散射光，该光检测器通过一个伺服控制系统调节加热组件使温度上升，镜面上的凝结现象消失，光检测器将无法测出散射光强，伺服控制系统将启动冷却系统使镜面温度再度下降，因而使镜面温度始终保持在露点温度上下，露点温度测量准确度可达 0.05 ～ 0.2℃。

碳膜湿度片 元件用溶胀性较好的高分子聚合物为感湿材料，加上导电材料炭黑，以及分散剂凝胶配制成胶状液体浸渍到聚苯乙烯片基上。

高分子聚合物吸湿后膨胀，使悬浮于其中的碳粒子接触概率减小，元件的电阻增大；反之，当湿度降低时，聚合物脱水收缩，使碳粒子相互的接触概率增加，元件的电阻值减小。通过测量元件的电阻值可以确定空气的相对湿度。

湿敏电容　一种用于自动测量大气相对湿度的传感器。

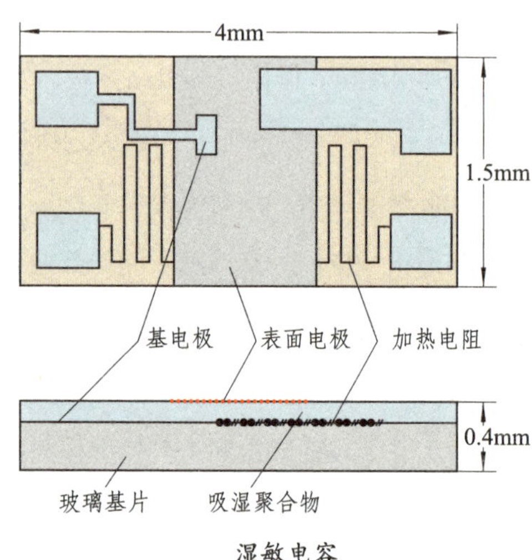

湿敏电容

湿敏电容测湿的感应器是用有机高分子膜做介质的一种小型电容器。湿敏电容器基板是玻璃，上电极是一层多孔金膜，能透过水汽；下电极为一对刀状或梳状电极。作为吸湿层介质的有机高分子膜的厚度为 1 微米。当感应器置于大气中时，大气中水汽透过上电极进入介电层，介电层吸收水汽后，介电常数发生变化，导致电容量发生变化。适当的电子线路可使输出信号正比于相对湿度，响应非常迅速且线性度良好。

[百叶箱]

气象台站上用以安装测定空气温度和湿度仪器的防辐射装置。

由于受太阳直接辐射、地面反射辐射，以及其他各种类型的天空和地面辐射的影响，测温元件的指示温度与实际气温存在差别。在白天强日射的情况下，将使元件温度高于气温，导致较大的辐射误差；夜间温度表的有效发射大于空气，将使元件温度低于气温。减小辐射误差是气温观测中的关键问题。

中国气象业务上使用的百叶箱构造如图所示。箱的四周由双层百叶窗组成，叶板与水平面成 45° 倾角，箱顶和箱底都由三块宽 110 毫米的木板组成，中间一块与边上两块在高度上错开，使空气能通过错缝流通，箱顶上方还有一块向后倾斜的屋顶。整个箱子涂上白漆，以使箱内仪器免受太阳光直接照射和降水、强风的影响。

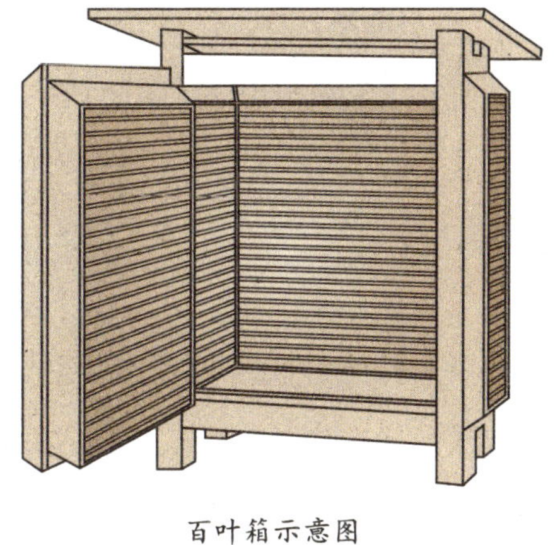

百叶箱示意图

中国气象台站使用的百叶箱一套两个：较大的一个高612毫米、宽460毫米、深460毫米，用于安放温度、湿度自记仪器；小的百叶箱高537毫米、宽460毫米、深290毫米，用于安放干湿球温度表和最高、最低温度表，以及毛发湿度表。百叶箱安装在高度为1.25米的架子上，箱门朝正北，箱底保持水平。

中国还设计出使用玻璃钢材料制作的百叶箱，这种百叶箱的结构和几何尺寸，与现用木制百叶箱相近，实验表明，它有更好的防辐射功能，在自动气象站中采用。

[气压观测]

气象学中，把静止大气的压强定义为从观测高度到大气上界单位截面积上的铅直大气柱的重量。气压的大小同海拔高度、空气温度和密度有关，一般随高度升高按指数律递减。实际气压的形成是整个铅直大气柱中的分子运动与地球重力共同作用的结果。

从气体分子动力学观点考虑，气压就是大量分子在每一瞬间平均对单位截面积所施加的冲量在宏观上的表观。对某个小范围来说，周围空气分子的作用，犹如无形的器壁，某一截面上的压力仍然是众多分子对它撞击的力的合成，因此同一高度空气的各个方向的压强是相同的。在国际单位制中，压强单位为帕（Pa），1帕＝1牛顿／米^{2}。

当前气象和航空上采用的气压单位为百帕（hPa）。在平均海平面上，温度为 0℃，标准重力加速度为 9.80665 米／秒^{2}时，定义 760 毫米铅直水银柱的压强为标准大气压 p_0 = 101325 帕＝ 1013.25 百帕。过去曾用毫巴（mb）作为气压单位，现已废止，但国际上有些出版物还有引用，它与百帕在数值上相等。另外，1 毫米水银柱＝ 4/3 百帕。

气压表

用来测量大气压强的仪器。常用的有水银气压表、空盒气压表、振筒式气压表和硅单晶气压表等。

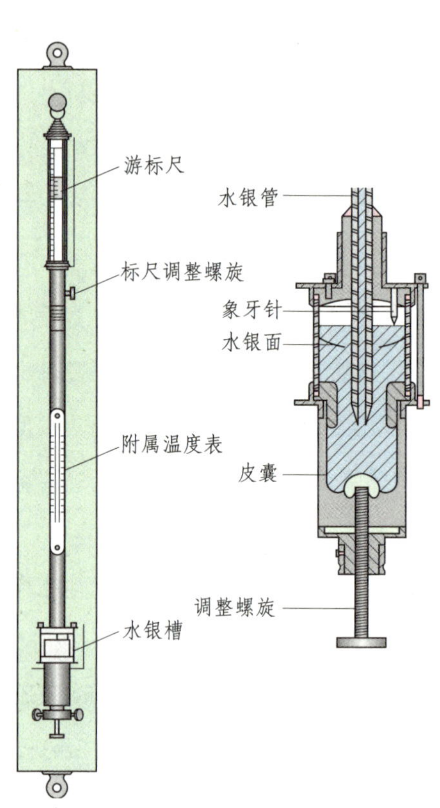

福丁气压表

水银气压表 将一根管顶抽真空的玻璃管插入水银槽内，就可形成一个最简单的气压表。由于大气压的作用，槽内水银柱将维持一定的高度。水银柱对水银槽表面产生的压强与作用于槽面的大气压强相平衡。如果在其近旁铅直竖立一支标尺，标尺的零点取在水银槽表面，就可直接读得水银柱的高度值，并可求得大气压强。附图所示为 1810 年法国 J. 福丁发明的福丁式水银气压表。水银气压表测量精度较高，性能稳定，常作为标准气压表。

空盒气压表 具有便于携带、使用方便、维护容易等优点。它的感应元件是一组具有弹性的薄片所构成的扁圆空盒，盒内抽成真空或残留少量空气。盒的表面有波纹状的压纹，使气压变化只对空盒产生垂直方向的应变位移。将空盒的底部固定，顶部可

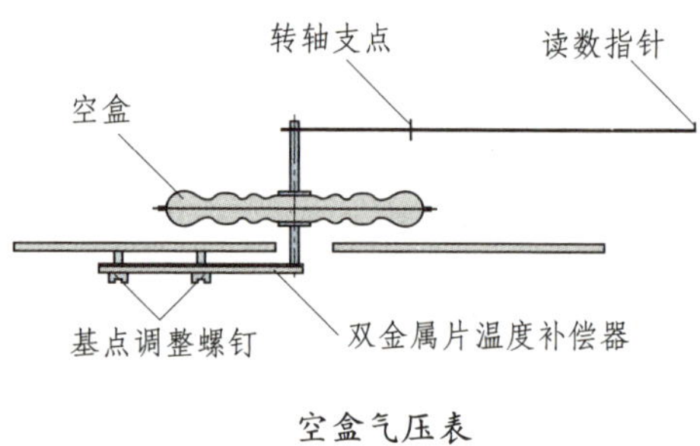

空盒气压表

自由移动，用以操纵指示读数的机械系统。

硅单晶气压表 比较简单的硅单晶气压表为电容式硅单晶空盒，把一片硅单晶薄膜放置在一个浅玻璃容器上，玻璃容器底部与硅单晶薄片下方的表面真空喷镀上金属薄膜，形成一对电容极板，金属硅单晶薄片上方扣上硅单晶腔体，腔体内抽成真空，而玻璃腔体则与大气相通。通过测量电容量的变化换算大气压强的变化。

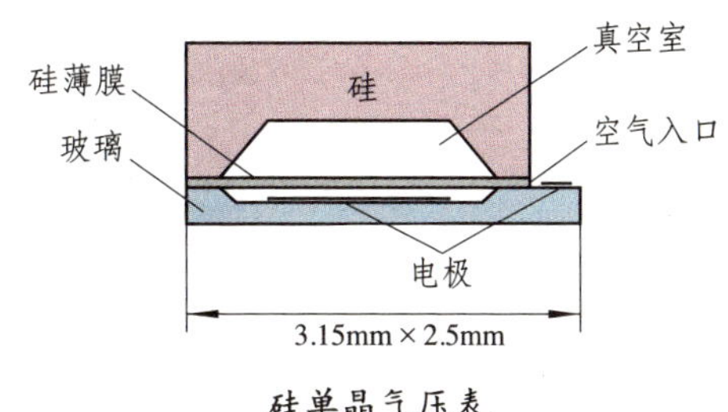

硅单晶气压表

振筒气压表 其传感器为一个具有弹性的振动圆筒，圆筒内腔抽成真空。大气压强对外筒壁的作用使其振动频率随压力的变化而变化，测定其振动频率即可推算出大气压强。振筒气压表的测量准确度略低于水银气压表。

[风观测]

风是空气相对于地表面的水平运动。常用风向和风速表示。

气象上风向指风的来向。地面风向常以 16 个方位或 360° 来表示，每方位占有 22.5°，高空风向用角度表示，以正北为基准（0°），按顺时针方向旋转，依次为东风（90°）、南风（180°）、西风（270°）。航空中的航行风向，由风袋测量风向，指的是风的去向，与上述风向正好相反（差 180°）。

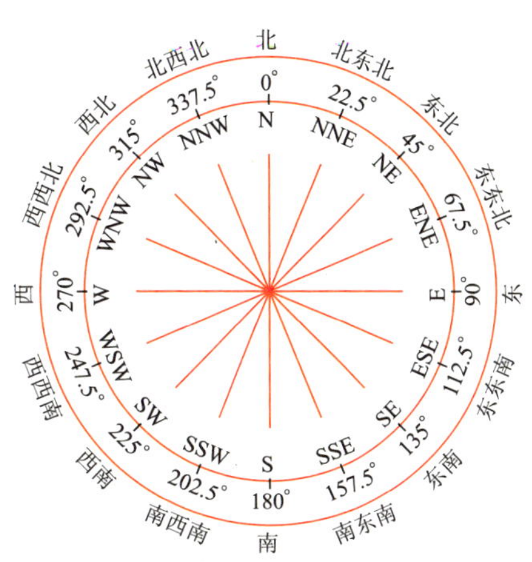

风向的 16 个方位

风速指单位时间内空气移动的水平

距离，常以米/秒、千米/时和海里/时为单位。风速大小常用风力等级表示，最早由英国人 F. 蒲福提出，目前国际上仍采用由蒲福当年按近海岸海面和渔船征象和陆地地物征象划分风力等级演变而来的风力等级分级标准（见表）。根据陆地地物征象目测风力等级，并可按表确定相应风速范围。

蒲福风力等级表

风力等级	名称	海面风浪	海面浪高		海面渔船征象	陆地地物征象	相当于平地10米高处的风速	
			一般	最高			m/s	km/h
0	无风	平稳	–	–	海面平静	静，烟直上	0.0～0.2	<1
1	软风	涟漪	0.1	0.1	微波如鱼鳞状，没有浪花。一般渔船正好能使舵	烟能表示风向，树叶略有摇动	0.3～1.5	1～5
2	轻风	微波	0.2	0.3	小波，波长尚短，但波形显著，波峰光亮但不破裂。渔船张帆时，可随风移行每小时1～2海里	人面感觉有风，树叶有微响，旗子开始飘动。高的草开始摇动	1.6～3.3	6～11
3	微风		0.6	1.0	小波加大，波峰开始破裂；浪沫光亮，有时有散见的白浪花。渔船开始簸动，张帆随风移行每小时3～4海里	树叶及小枝摇动不息，旗子展开。高的草摇动不息	3.4～5.4	12～19
4	和风	轻波	1.0	1.5	小浪，波长变长；白浪成群出现。渔船满帆时，可使船身倾于一侧	能吹起地面灰尘和纸张，树枝动摇。高的草呈波浪起伏	5.5～7.9	20～28
5	清劲风	中波	2.0	2.5	中浪，具有较显著的长波形状；许多白浪形成（偶有飞沫）。渔船需缩帆一部分	有叶的小树摇摆，内陆的水面有小波。高的草波浪起伏明显	8.0～10.7	29～38
6	强风	大浪	3.0	4.0	轻度大浪开始形成；到处都有更大的白沫峰（有时有些飞沫）。渔船缩帆大部分，并注意风险	大树枝摇动，电线呼呼有声，撑伞困难。高的草不时倾伏于地	10.8～13.8	39～49
7	疾风	巨浪	4.0	5.5	轻度大浪，碎浪而成白沫沿风向呈条状。渔船不再出港，在海者下锚	全树摇动，大树枝弯下来，迎风步行感觉不便	13.9～17.1	50～61
8	大风	猛浪	5.5	7.5	有中度的大浪，波长较长，波峰边缘开始破碎成飞沫片；白沫沿风向呈明显的条状。所有近海渔船都要靠港，停留不出	可折毁小树枝，人迎风前行感觉阻力甚大	17.2～20.7	62～74

风力等级	名称	海面风浪	海面浪高		海面渔船征象	陆地地物征象	相当于平地10米高处的风速	
			一般	最高			m/s	km/h
9	烈风	猛浪	7.0	10.0	狂浪，沿风向白沫呈浓密的条带状，波峰开始翻滚，飞沫可影响能见度。机帆船航行困难	草房遭受破坏，屋瓦被掀起，大树枝可折断	20.8～24.4	75～88
10	狂风	狂浪	9.0	12.5	狂涛，波峰长而翻卷；白沫成片出现，沿风向呈白色浓密条带；整个海面呈白色；海面颠簸加大有震动感，能见度受影响，机帆船航行颇危险	树木可被吹倒，一般建筑物遭破坏	24.5～28.4	89～102
11	暴风	暴涛	11.5	16.0	异常狂涛（中小船只可一时隐没在浪后）；海面完全被沿风向吹出的白沫片所掩盖；波浪到处破成泡沫；能见度受影响，机帆船遇之极危险	大树可被吹倒，一般建筑物遭严重破坏	28.5～32.6	103～117
12	飓风		14.0	–	空中充满了白色的浪花和飞沫；海面完全变白，能见度严重地受到影响	陆上少见，其摧毁力极大	≥32.7	>118

风速表

测量气流运行速度的仪器。常用的有风杯风速计、风车风速计和超声风速计。

风杯风速计 风速传感器常采用三杯或四杯式感应元件，杯形多为抛物锥形或半球形的空心杯壳，固定在互成120°或90°的支架上，杯的凹面顺着一个方向排列，整个横臂架固定在一根垂直的旋转架上。在稳定的风向作用下，风杯受到扭力矩作用而开始旋转，它的转速与风速成正比关系。

风车风速计 风车风速计的感应元件是一个由三到四块螺旋桨叶片组成的风扇。但与风杯感应器不同，其旋转平面垂直于水平风矢量，因而其旋转风扇必须安装在风向标系统的前端，使其不断对准风的来向。它的转速也与风速成正比关系。

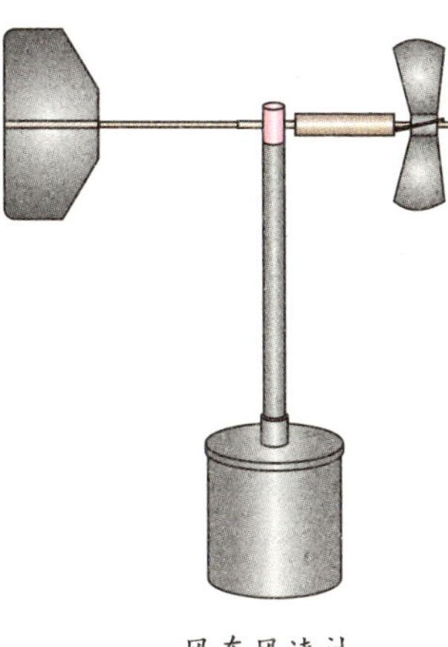
风车风速计

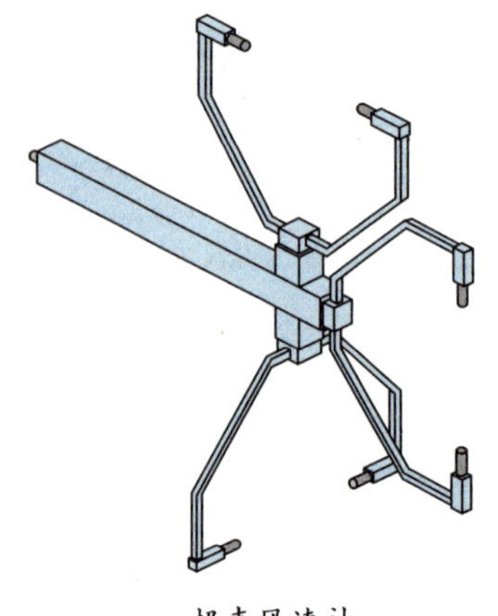

超声风速计

超声风速计　利用声波传播速度受气流影响而变化的原理，测量气流运行速度的仪器。声学测风常采用超声波技术，可消除外来噪声的影响，并获得较强的方向性。

将一对声波发射和接收元件置于气流中，先由某一发射探头向一定距离外的另一接收探头发射声波，然后将两个探头的发射、接收功能对调，实施声波的反向传输，测出两个方向声波传输的时间 t_1 和 t_2，通过适当的电子线路得到 $t_1 + t_2$ 和 $t_1 - t_2$ 的数值，可计算出静止空气的声速，以及在超声波传播方向的风速分量。

超声风速计的三对探头分别固定在一个 *xyz* 三个坐标轴向支架上，分别测出 *xyz* 三个方向的风速分量。

风向标

指示风向的测量仪器。其构造主要分为四部分。

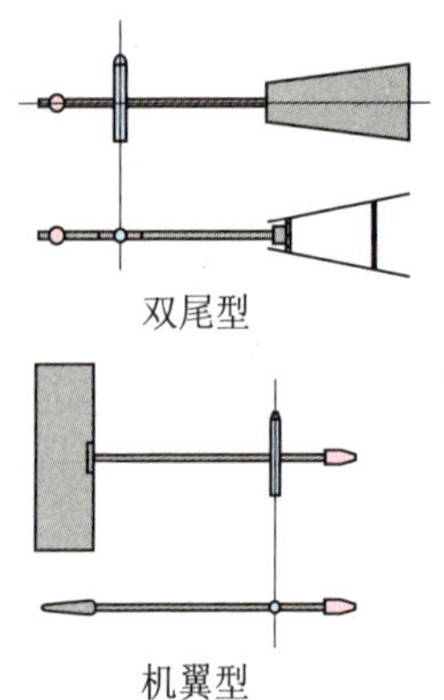

双尾型

机翼型

风尾　感受风力的部件，在风力的作用下产生旋转力矩，使指向杆 —— 风尾轴线不断调整取向，与风向保持一致。

指向杆　指向风的来向。

平衡重锤　装置在指向杆上，使整个风向标对支点（旋转主轴）保持重力矩平衡。

旋转主轴　风向标的转动中心，并通过它带动一些传感元件，把风向标指示的度数传送到室内的指示仪表上。

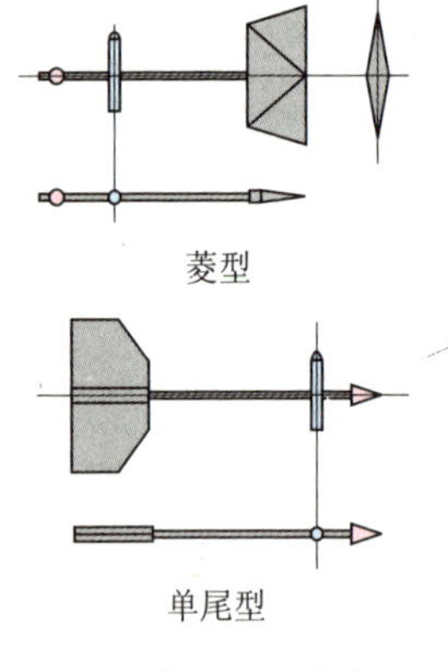

菱型

单尾型

四种常见的风向标

为了使风向标能准确地反映不断变化的风向，以及各地气象站风向资料间具有可比性，世界气象组织要求风向标有如下特性：①在风速为5米/秒时，其时间常数为1秒。②阻尼比大于0.3，小于1.0。③风速范围为0.5～60米/秒。④分辨率为 ±3° 。

阻尼比太大，则风向标对于风向变化的响应太慢；但阻尼比太小，则风向标会在应指示风向的位置上长时间振荡。

[云观测]

云是悬浮在大气中由大量细微水滴或冰晶组成的可见聚合体。它通常不接触地面，接地时则称为雾。云是湿空气在上升运动中膨胀冷却生成的，膨胀冷却使空气中的水汽达到饱和，即在凝结核上凝结出水滴，称为云滴。温度低于0℃的云，通常由过冷水滴和冰晶组成。

云常年覆盖着地球一半的面积，对地球－大气系统的辐射传输过程影响极大。云将地表蒸发到大气中的水分，转化为降水，为地球表面提供新鲜水源；云以释放潜热形式向大气输送热量，从而云成为地球－大气系统的动量、热量、水分传输和平衡的关键因素。因此，凡是涉及大气状态变化和影响天气气候行为或者预报未来天气就不能不研究自然云这一重大问题。云也是航空运输的重大障碍，它对飞机起飞、着陆与航行影响极大。对流云中强烈的气流扰动会使飞机发生颠簸，飞机穿过过冷却云中会产生积冰，从而使飞机载荷过重，影响飞机的空气动力性能。积雨云中的雷电会给飞机带来极大的危险。

云的分类

云的外观千姿百态，将各种云进行科学分类，是正确记录和进一步研究其过程所必不可少的基础工作。根据形态，云可粗略分成积状云和层状云两类。积状云是因空气对流而形成的铅直发展的云；层状云是大范围空气辐合而缓慢抬升，形成水平延伸且均匀成层的云。根据温度特征，云可分为暖云和冷云。云体温度都高于 0℃的云，称为暖云；云体温度都低于 0℃的云，称为冷云。根据微结构，云还可分为水云、冰云或混合云。完全由水滴组成的云，称为水云；完全由冰晶组成的云，称为冰云；由水滴和冰晶共同组成的云，称为混合云。气象台站的实际观测工作中一般均采用国际云分类法，国际分类法是根据云的形成高度并结合云的形态，将云分成高云、中云、低云、直展云四族和卷云、卷积云、卷层云、高积云、高层云、层积云、层云、雨层云、积云、积雨云十属。

卷云为孤立的、白色纤细丝缕状云，或白色碎片云，或窄细的云带。这类云有纤维状的外形，或者有丝绸样的光泽，或二者兼而有之。卷积云为薄的、无阴影的白色碎云块、云片或云层，带有纹理或波浪形结构。卷层云为透明的、白色的、纤维状或外形光滑，覆盖整个天空或部分天空的云。高积云为白色、灰色或灰白色的碎云块、云片或云层，一般带有阴影，由薄片云和圆云块组成，有时部分带有纤维状。高层云为成层的、纤维状的或均匀的灰色或暗蓝色的云片或云层，覆盖整个天空或部分天空，云中有些部分很薄，至少能模糊地显现出太阳的轮廓，就好像透过毛玻璃似的。雨层云为灰色或暗灰色的云层，云层厚而浓密，完全遮住太阳，雨层云下常常有低的碎云飘浮，多数情况下有降雨或降雪发生。层积云为灰色或灰白色的碎块云、云片或云层，其中总有一些部分是暗的。层云一般是灰色的云，云底相当均匀，会产生毛毛雨或冰雪粒子。如果透过云层见到太阳，其外形轮廓清晰可辨，有时层云外形有些像碎云块。积云为孤立的云块，一般结构紧密，轮廓分明，垂直外形像圆丘或宝塔型，上部隆起部分常常像花椰菜形。积云云底比较暗并接近水平，有时积云是支离破碎的。积雨云为浓密深厚的云，外形像山峰或巨塔，积雨云的上部至少有部分是光滑的、有纤维状结构或层状的，并且几乎总是扁平地向外延展。这类云的底部一般很暗，常常有低碎云和降水。

除上述各主要云型外，还有贝母云和夜光云两类特殊的云，它们都常见于高纬度地区。贝母云又称珠母云，距地面高度 20 ~ 30 千米，云层有珍珠般的色泽。夜光云距地面高度 75 ~ 90 千米，出现在黄昏后的夜空，云薄而有银色光泽。

层积云

卷层云

积云

卷积云

高积云

雨层云

毛卷云

积雨云

云的微结构

云滴大小、浓度和含水量是云最重要的微结构特征。在云体的不同部位，云发展生命期的不同阶段，以及不同地域和不同类型的云，云滴大小、浓度和含水量均有较大差异。云滴半径为几微米至 100 微米。单位体积中云滴的数量称为云滴浓度，一般为 $10^1 \sim 10^3$ 个 / 厘米 ^{3}。云滴含水量一般为 $10^{-1} \sim 10^0$ 克 / 米 ^{3}，积雨云则可达 $10^0 \sim 10^1$ 克 / 米 ^{3}。在大陆性气团中，云滴平均半径小而浓度大；在海洋性气团中，云滴平均半径大而浓度小。云中除云滴外，还有半径大于 100 微米的水滴，它们实际上是未降离云体的雨滴。混合相云中液态粒子和固态粒子是共存的，固态粒子一般根据大小和形状，分为冰晶、雪、霰和雹。云中固态粒子的形状、大小、浓度和含水量，因生长的气象条件和云中的微物理过程而异。云中冰晶的浓度从每升不足一个至每升几百个，变化范围很大。

云物理学是研究云和降水生成和演变物理过程的科学。它是大气科学的一个分支，有云动力学和云微物理学两个组成部分。云动力学，是以大气热力学和大气动力学为基础，将云作为一个整体，研究其生成和演变的热力 – 动力过程；云微物理学，是以大气热力学和物理化学为基础，从微观角度研究云和降水粒子的生成和演变。两者密切关联，相互作用。

降水

从云雾中降落到地面的液态水或固态水，如雨、雪、雹、霰等。通常地面水汽凝结物，如露、霜、雾凇和雨凇等也都统计在降水量之内。降水是人类生活所需水分的最主要来源。降水通常视其持续时间与强度而分成连续性降水、阵性降水和毛毛雨三类。

连续性降水通常具有持续的性质，雨量中等，经常与暖锋或静止锋相关联，降水质点多系中等大小的雨滴或雪花。阵性降水的特点是，强度大，持续时间短，骤然开始，又骤然停止，且局地性很强。阵性降水可能产生在不稳定气团内部，也可起源于锋面（在冷锋上经常有发展旺盛的对流云）。阵性降水质点一般较连续性降水质点大。毛毛雨通常由大量的细小雨滴或极小的雪花组成，降水强度不超过 0.25 毫米 / 时。这种降水主要形成于稳定气团内部。根据形态和相态，降水又分为液态降水（降雨）和固态降水（降雪、降霰和降雹）。

降水量是重要的天气和气候要素之一。降水量的不均匀会严重影响人类经济活动，特别是农业生产。降水的地理分布决定于各种各样的大气过程和地方特点。一般来说，在有上升运动的那些地区，例如气旋、低压、台风和大气锋面活动区，降水特别多。如果其他条件相同，那么，在有暖湿气流流入的那些地区（如辐合带），降水强度最大，降水量也很多。此外地形对降水分布影响也是十分显著的，山区降水较平原多。降水的特性主要决定于上升气流、水汽供应和云的微物理特征，其中尤以上升气流最为重要。

降水量

一定时段内自天空下降和在地面凝结的水汽凝结物未经流失、渗透和蒸发时在水平面上积累的水层厚度。以毫米为单位表示。测定降水量的仪器有雨量器和雨量计等。

降水量的多少，主要取决于大气中水汽的含量与气流上升动力的强弱，还受纬度、环流、海陆、地形和洋流等制约。空中水汽含量愈丰富，空气上升运动愈强，降水量愈大。

降水量的差异可导致不同的自然景观和农业生产类型。在中国，年降水量大于 1000 毫米的湿润地区适于栽培水稻；年降水量 400 ～ 1000 毫米的半湿润地区主要是旱作农业区；年降水量 250 ～ 400 毫米的半干旱地区为半农半牧区；年降水量小于 250 毫米的干旱地区，以畜牧业为主，种植业只能在灌溉条件下进行。

中国年降水量分布，大体从东南向西北递减，沿海多于内陆，山地多于平原，迎风坡多于背风坡。受季风强弱、来临迟早和持续时间长短的影响，年际变化大，从而影响农业生产的稳定性。

单位时间内的降水量称为降水强度。降水强度大则径流加大，易引起洪、涝灾害，并加重水土流失或破坏土壤结构，还常导致作物倒伏与花、果、籽粒脱落。降水强度太小，往往不能满足作物对水分的需求。

雨量器

测定降水量、降水时数和降水强度的仪器。降水量是指从天空降落到地面的液态或固态（经融化后）的水在水平面上积累的深度，以毫米为单位，取一位小数。气象学上通常使用年、月、日、12 小时、6 小时甚至 1 小时的总降水量。降水时数是指降水实际持续时间。降水强度是指单位时间的降水量，通常测定 10 分钟与 1 小时内最大降水量。降水测量的主要仪器有：

雨量筒 观测降水量的仪器。它由雨量筒与量杯组成。雨量筒用来承接降水，它包括承水器、储水瓶和外筒。中国采用直径为 20 厘米正圆形承水器，其口缘镶有内直外斜刀刃形的铜圈，以防雨水溅失和筒口变形。外筒内放储水瓶，以收集雨水。雨量杯为一特制的有刻度的量杯，其口径和刻度与雨量筒口径成一定比例关系，量杯有 100 分度，每 1 分度等于雨量筒内水深 0.1 毫米。

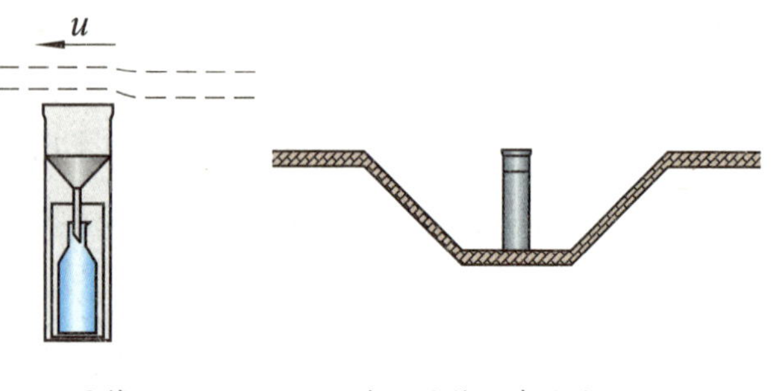

雨量筒　　为雨量筒加建的防风地坑

雨量筒处在一定风速（u）的流场内，由于绕流作用，将在其口缘的上方产生局地的上升气流，导致一些微小的雨滴和多数的雪花的降落轨迹受其影响，最终导致承水器接受的降水量偏低。可加建防风地坑减小这种影响。

虹吸式雨量计 用来连续记录液体降水的仪器。它由承水器（通常口径为 20 厘米）、浮子、自记钟和外壳组成。有降水时，降水从承水器经漏斗、进水管引入浮子室。降水使浮子上升，带动

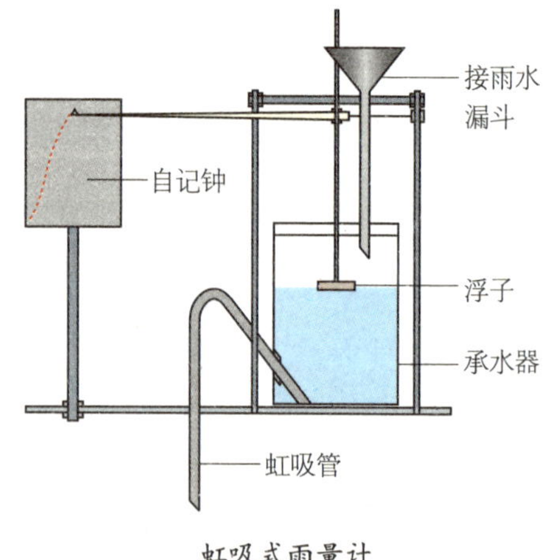

虹吸式雨量计

自记笔在钟筒自记纸上画出记录曲线。当自记笔尖升到自记纸刻度的上端（一般为 10 毫米）时，浮子室内的水恰好上升到虹吸管顶端。虹吸管开始迅速排水，使自记笔尖回落到刻度“0”线，又重新开始记录。

翻斗式雨量计 用来遥测并连续记录液体降水量的仪器。由感应器、记录器和电源三部分组成。感应器装在室外，主要由承雨器（常用口径为 20 厘米）和翻斗系统构成。记录器在室内，由计数器、自记部分、控制线路板等构成。二者用导线连接。

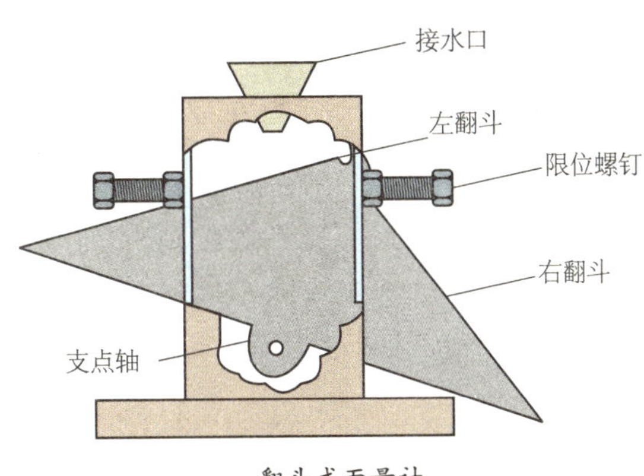

翻斗式雨量计

雨量计的核心是一对三角形的承雨翻斗，其中的一个翻斗先对准接水漏斗口，当翻斗盛满雨水后，重心的失衡使翻斗倾覆，将雨水倒出；与此同时，另一个翻斗对准接水漏斗口承接雨水。由翻斗交替次数和时间的记录可得降水资料。翻斗容量有 0.1 毫米、0.25 毫米和 1.0 毫米三种规格。

雪量计 测量降雪水当量的仪器。降雪水当量指降雪中所含的液体水的深度，以毫米为单位。冬季降雪时，将雨量筒上的承雨器与储水瓶取下，换上承雪器。降雪直接降落在雨量筒内。每次观测时直接称其扣除筒重的降水重量，然后换成毫米降水量，或将其融化后用雨量杯量取。

[大气能见度]

视力正常的人能从背景（天空或地面）中识别出具有一定大小的目标物的最大距离。又称气象视程。以千米或米为单位。按观测者与目标物所在高度和相对位置，大气能见度可分为水平能见度、斜视能见度和铅直能见度。

气象观测中的能见度一般指水平能见度，即水平方向上的有效能见度。有效能见度是指四周视野中一半以上范围都能看到的最大水平距离。航空部门也常用斜视能见度和垂直能见度。能见度的好坏取决于观测者与目标物之间的大气透明度（它随大气及其所含杂质对光的散射和吸收的强弱而变化）、目标物和它所投影的背景面上的视亮度对比以及观测者的视觉感应能力。能见度目标物要分布在各个方向、不同距离上。白天应尽可能选以天空等为背景的大小适度的目标物。把勉强可见的目标物的距离（可利用地图等测定）作为能见度。夜间，则观测一定强度的灯光的能见距离，折算出相当于白天的能见度。能见度在交通运输、航空、航海、军事活动、大气污染和大气物理研究中应用广泛。

[自动浮标气象站]

一般指在海洋上的锚定浮标式自动气象观测站。它和陆上的自动气象站的功能相似，可以定点、连续、长期地进行海面上的气象要素自动观测。此外，它还兼有自动观测海况、海温、海流和水质的功能。它是将装载整套自动观测设备的浮标（平台）锚定在海中的固定位置上，由电子线路自动控制，定时观测，再将观测资料转成脉冲信号，通过有线、无线或卫星通信等方式发送给陆地接收站，为天气预报、海洋环境预报、灾害预（警）报以及海洋开发、海洋工程建设服务。

美国20世纪60年代发展了锚定浮标自动观测站，至今有近百个站在海上进行自动观测。日本自1973年开始正式使用锚定浮标自动观测站进行常规海洋气象观测，其中参加全球气象电信系统（GTS）的有浮标1号（28.1°N，126.3°E）、2号（37.9°N，134.5°E）和4号（29.0°N，135.0°E）等。日本的这种浮标站的结构为：直径10米的圆盘浮于海面，圆盘之上竖立桅杆，将干、湿球温度表和风向表、风速表、辐射计的探头固定于离海面7.5米高的桅杆上，将气压表、测波仪（测定海浪的周期和波高）置于靠近海面的圆盘之内，在水中的电缆上离海面 1 米、50 米和 100 米处安装海水温度计，浮标重约 50 吨，可经受平均风速 40 米 / 秒的风暴、有效波高 7 米的狂涛、流速 10 千米 / 时的强流的袭击而完好无损地正常工作。目前全世界约有 300 个浮标站在位工作。

中国自 20 世纪 70 年代开始自动浮标气象站的研制，80 年代末投入业务运行，并已在渤海、黄海、东海和南海多个站位相继布放不同类型的自动浮标气象站。使用的主要是中国制造的Ⅱ型自动浮标站。该浮标站直径 10 米、全锚链、单点系泊，适用于水深 200 米以内海域。可以测量平均风速、风向、最大风速、极大风速、气压、气温、海洋表层水温、波浪高度和周期、海洋表层及深层海流流速、流向等海洋水文气象参数，还可以提供浮标的方位、舱温、浮标舱门开启、浮标进水等浮标状态监测信息数据。在海上连续工作时间可以长达 2 ～ 3 年，实时观测的接收率在 95% 以上。它的数据采集和控制部分广泛使用了先进的 PC 技术，可靠性高、环境适应性强；浮标的数据通信采用了 Imarsat-C/GPS 卫星通信定位通信系统；数据存储采用 PCMCIA 存储卡；使用了国际上优良的气象和海洋传感器，并采用 ADCP 声学多普勒海流计进行表层和多层海洋流速、流向测量；同时还设计了主 / 备传感器切换、测量时次调整、数据重发、浮标动态显示等遥控功能；工作电源使用太阳能电池和蓄电池混合电源。陆地接收岸站由计算机系统、Imarsat-C 卫星通信接收机和工作电源构成，通过遥控指令的发送，实现对Ⅱ型自动浮标站发送数据的接收、处理和转发，以及对浮标存储数据回收

布设在黄海海域的自动浮标气象站

后的处理。

用在大洋上自动采集海洋气象资料的浮标，除锚定浮标外，还有一种随海流漂移的漂流浮标，它一边自动定位，一边自动采集海洋气象环境信息，并及时向接收站发送。这是一种一次性仪器，功能比较单一，多用于科学研究。

第二章 探寻天气的奥秘

[大气遥感]

探测器不与某处被测大气直接接触，在一定距离之外测定其物理状态、化学成分及其时空分布的方法和技术。测雨雷达、风廓线仪和气象卫星均是利用大气遥感技术探测大气状态的典型设备。

电磁波（包括紫外线、可见光、红外线、微波）、声波和某些力学波在大气中传播时，要与大气发生相互作用，从而产生折射、散射、吸收和频散等现象。以应用最广泛的电磁波为例，不同波长的电磁辐射与不同成分和不同状态的大气的作用是不相同的。因此，在透射、散射、反射或折射的电磁辐射的频谱、相位、振幅和偏振度等物理量中就包含了大气成分含量和大气状态的信息。研究接收这些特征物理量的方法和技术，制造遥感探测器，并从这些特征物理量中反推出大气的成分和状态是大气遥感研究的基本任务。如果遥感探测器仅接收经过大气的反射、散射的太阳辐射和地球大气发射的红外辐射称为被动遥感，又称无源遥感。

如果遥感探测器接收的是人工发射的电磁辐射经探测目标反射、散射或折射的辐射则称为主动遥感，又称有源遥感。

[电离层探测]

用实地或遥感测量的方法，获得电离层物理参量及其变化规律的工作。电离层探测的物理量主要包括电子密度、电子温度、离子温度、离子成分、离子的速度分布及电荷状态、电子与离子的漂移速度、空间电场和磁场以及等离子体波等。

从探测仪器相对于探测对象的位置来看，可将探测方法划分为实地测量和遥感测量。实地测量主要有探针方法和各种粒子谱仪方法。遥感测量有被动遥感和主动遥感两种方式：被动遥感是通过测量远处等离子体发出的各种电磁辐射来推导等离子体参数；主动遥感是在卫星或在地面发射适当频率的无线电波，由电离层对电波的反射、散射、吸收，以及多普勒效应、法拉第效应等来推算电离层参数。

探针方法 探针测量可以获得探针邻近区域的等离子体电子密度、离子密度、电子温度以及等离子体空间电位等参量；特殊安排的探针，还可得出等离子体振荡、流动、漂移和扩散过程的信息。将两个探针组合在一起，可用于测量空间电场。早在1924年，朗缪尔就研究了探针的原理，通常称为朗缪尔探针。常用探针的形状有圆柱形、球形、平板三种。阻滞势分析器（RPA）是在朗缪尔探针的基础上为测量正离子而发展起来的，它在平面探针（或球形探针）的外面加一些栅网，栅网的电位可根据需要变化。一个或多个栅网置正电位以控制进入探测器正离子的能量，而其他栅网置负电位以排斥电子。阻滞势分析器可测量电离层等离子体粒子的能谱。

粒子谱仪 根据仪器的功能，可将粒子谱仪分成方向分析谱仪、能量分析谱仪和质谱仪等类型。根据对粒子记录的方式，还可将粒子谱仪分为成像谱仪和非成像谱仪两类。成像粒子谱仪是一种新型的粒子探测仪器，它使用了二维探测器面阵，从而可同时获取粒子的像和这些粒子的能谱或质谱的组成，因而是一种“谱像合一”的探测器。成像谱仪近年来得到迅速发展。能量谱仪也可以分析粒子的成分和质量，但在对质量分析要求较高的测量中，则需使用专门的质谱仪。常用的质谱仪包括射频质谱仪、四极质谱仪、磁偏转质谱仪和飞行时间质谱仪等。

电离层测高仪 又称垂测仪。其基本原理是测量发射脉冲与回波之间的时延，并依此得到发射高度（虚高）随频率变化的曲线，从而获得电离层电子密度的高度分布。目前的数字测高仪能测量返回无线电波的全部参量，包括群传播时间、幅度、相位、准确的频率（即偏离发射频率的多普勒频移）、入射角、波的偏振以及波前的曲率等。

电波吸收方法 利用电磁波经过电离层的能量损失来获得电离层参量的方法。电离层吸收电磁波能量主要发生在 D 层和 E 层，测量吸收情况可以获得相应高度的碰撞频率、电子温度、离子温度、中性分子密度和电子密度等参数。

色散多普勒方法 在卫星或火箭上由信标机发射两个相干频率的波，由于电离层是一种色散介质，当不同频率的波通过电离层时就引起相位改变。信标信号相位改变通常包括运动效应和介质效应，根据运动效应与频率成正比，而介质效应与频率的平方成反比的特点，可在飞行器上发射两个不同倍数的倍频信号，并在地面接收这两个频率信号，以消去运动效应项，剩下介质效应，即色散效应项。利用这种方法可测量电离层等离子体参数。

法拉第旋转效应法 卫星上发射出来的线偏振波通过电离层时，由于地磁场的存在而分裂为 O 波和 E 波，这两个波的折射指数不同，且随电子密度的变化而变化。电波到达地面接收机时，O 波和 E 波的相位变得不一样。当它们在接受天线处再合成一个线偏振波时，其合成的偏振面与离开卫星时旋转了一个角度，这个效应称为法拉第旋转。某一点偏振面相对于原始偏振面旋转的角度与无线电波路径上的总电子含量成正比。根据这一原理，在地面接收电离层上空的信标机发射信号，测量其偏振面旋转角或它的时间变化率（称为法拉第频率），即可算出电离层中沿传播路径上单位截面的柱体内的总电子含量。

非相干散射雷达方法 根据介电常数的热随机起伏引起电磁波散射的原理，从地面上用大功率雷达探测电离层特性的方法。非相干散射雷达有单站型和多站型。一般单站型有利于电离层垂直分布测量，多站型有利于测量电离层运动。非相干散射雷达系统功率大、耗资多，不可能进行长期连续观测，其天线特点又使它不能同时进行较大区域范围的观测。相干散射雷达观测可弥补这一不足。典型的相干散射雷达是 STARE 雷达。STARE 雷达是一对位于极区两地的雷达，能直接测量高纬电离层 E 层内的电子漂移速度。由于这种雷达可长期连续工作，因而能对不同地磁条件下的对流电场的日变化进行观测。

全球定位系统（GPS）方法 利用双频 GPS 接收机同时接收多颗卫星的信号，所得的原始数据包括 GPS 时间、卫星星历、信号的信噪比、双频电离层差分时延和载波相位差分值，由这些参数可换算出电离层星下点到地球表面垂直距离的电子总含量。

全球定位系统掩星方法 GPS 由 24 颗卫星组成，每颗卫星都不断地发射信号。如果另发射一颗携带 GPS 接收机的低轨（LEO）卫星，当 GPS 卫星信号被大气层遮掩时，信号被电离层折射，电离层电子密度越高，折射越严重。因此，根据信号折射情况就可以推算出电离层电子密度等参数。如果在数据反演中使用无线电全息成像方法，可获得空间分辨率较高的电离层参数，以及电离层三维电子密度分布、D 层和 E 层水平风速的垂直分布和剪切强度。

GPS 系统与低轨卫星星座组合的无线电掩星技术，是在全球迅速发展的高新技术，它具有传统探测方法无法实现的覆盖全球、连续、稳定、时空分辨率高等独特的优点。

[飞机气象探测]

以飞机作为观测平台进行的非常规特种气象观测。飞机气象观测的主要任务有：①与常规探空仪的探测内容相同，即大气层的温度、湿度、气压和风的探测；②对特种天气，例如对台风进行三维的观测，以及对该天气系统实施巡航；③云雾微物理结构的观测；④特种观测，例如大气边界层结构的研究。一架次的飞行可以只完成上述的一项任务，也可同时综合执行多项任务。

观测使用的飞机多由适当的机型改装而成，可以使用功能较为先进的中型飞机，也可使用轻便、易于操作的轻型单人或双人机。

气象观测飞机最基本的探测设备是飞机气象仪，温度和湿度的探测元件需安装在专门的锥形回流管内，与测风仪器分别安装在专门的支架上，在机头前向外伸出。气压探测元件则安装在机舱之内，由机身的测压孔引入外界的大气压力。在使用露点仪测量湿度时，该仪器也安装在机舱之内，利用气泵将空气吸入进行测量。

对特殊天气系统进行巡航观测是飞机观测最主要的任务，从系统的云系上空对其特征实施目测，进行拍摄，而后在适当的位置施放下投式探空仪，不少情况下还在机尾安装了轻型的 X 波段或 C 波段天气雷达或多普勒雷达。巡航观测能对天气系统的三维结构进行深入的了解。

对云雾微结构的研究必须利用飞机探测。几乎所有的云雾探测仪器都需要考虑适应飞机观测的技术要求。

[无线电探空仪]

能测量地面层以上自由大气各高度上一个或几个气象要素，并能发送所测得的信号的无线电探测仪器。简称探空仪。探空仪可使用一定的方式升空：

如随气球、风筝、模型飞机上升；或使用定高气球、飞机、火箭携带至较高的高度实施下投，随降落伞或重力气球随风降落。

探空仪包括感应元件、将感应的量转变成电信号的信号变换器、将信号发回到地面接收站的无线电发射机以及电源。早期的感应元件多为机械位移式，如金属空盒、双金属片和毛发等；后期转而应用电测感应元件，如单晶硅压敏片、热敏电阻和聚酯吸湿层的湿敏电容。信号变换器则将机械位移式感应元件的测量结果转换成电码，将电测感应元件的测量结果转换成模拟或数字信号。这些转换后的信号通过编码调制在无线电发射机上，将信号发回地面接收站。

GTS1 型数字探空仪是中国在 2001 年设计定型的新型数字式探空仪，测量要素包括温度、湿度、气压、风向和风速等，其测风回答器与温度、湿度和气压调制发射机进行一体化组合，配合地面测风新型二次雷达进行高空风测量。温度、湿度、气压元件分别为热敏电阻、碳膜湿度片和硅单晶应变片，可直接输出电压模拟量，利用 A/D 变换转变为数字信号。采用 L 波段 1671 兆赫数字调频发射体制，较好地避免噪声干扰。

[气象雷达]

用于探测大气中的云、雨和气象要素的专用雷达。主要包括测雨雷达、测风雷达、测云雷达。随着发射系统新工作物资的出现，又发展出以激光器（发射激光）和声发射器（发射脉冲声波）为核心的激光雷达和声雷达。

第二次世界大战前雷达主要用于探测军事目标。当时云和雨等气象回波是作为噪声要滤掉的。1941 年英国最早使用雷达探测风暴。1942 ～ 1943 年美国设计出专门用于气象探测的雷达。20 世纪 60 年代多普勒技术用于雷达探测，开始了对雷达回波的彩色分层显示。70 年代相继发展了大功率高灵敏度的甚高频和超高频多普勒雷达。70 ～ 80 年代激光雷达和声雷达也从研制阶段逐步走向业务试验应用。与此同时，计算机的引入，使气象雷达从探测操作到结果显示逐步向全自动化方向迈进。

青岛多普勒气象雷达站

当雷达方向性极强的天线向空间发射脉冲式电磁波时，会与传播路径上的大气发生相互作用。如大气中的水汽凝结物（云、雾和雨滴等）会对雷达发射的电磁波产生散射和吸收作用，非球形粒子会对圆极化散射波产生退极化作用，稳定层结对入射波产生部分反射，运动着的散射体会使入射波发生多普勒效应等。上述相互作用均与发射的电磁波波长、极化方式等有关。通过测量与大气相互作用后反射和散射回来的脉冲式电磁波的方向、时间、振幅、相位、频率和偏振等物理量，就可以反算出目标物的空间位置、形状、移动和发展演变等宏观特征以及云中含水量、降水强度、水平风场、垂直气流等物理特征。

气象雷达主要由发射系统、天线系统、接收系统、信号处理系统和显示系统等部分组成。

气象雷达探测大气的性质与工作波段有关。当综合考虑云雨粒子对电磁波的散射和吸收时，不同的波段只适用一定的探测要求。如 K 波段（波长 0.75 ～ 2.4 厘米）适用于探测各种不降水的云；X、C 和 S 波段（波长 2.5 ～ 15 厘米）探测降水，其中 S 波段（波长 7.5 ～ 15 厘米）最适用于探测暴雨和冰雹；用高灵敏度的超高频或甚高频雷达可以探测对流层—平流层—中间层的晴空湍流。

气象雷达探测的高时空分辨率、获取降水云雨的宏微观物理特征的能力、获取大气精细动力场和热力场的能力，使它已成为地球大气探测系统的重要组成部分，已经在对中尺度强对流灾害性天气的警报和短时预报中发挥重大作用。

[气象气球]

用橡胶或塑料等材料制成球皮，充以氢、氦等比空气轻的气体，携带仪器升空，进行高空气象观测的观测平台。球内充气后能保持较为稳定的升速或下沉速度，实施高空垂直或水平的气象探测。气象气球的主要类型包括：

飞升气球　从地面释放，平稳地以固定的速度升空进行垂直探测的气象气球。携带各类无线电探空仪的探空气球，荷重可达 1 ～ 2 千克，能升至 30 千米以上高度，并具有 300 ～ 400 米 / 分升空速度。测定风向、风速用的测风气球，荷重很小，因此比探空气球小很多，升空速度为 100 ～ 200 米 / 分，可升的最大高度较低。测云气球一般采用直径较小的测风气球，升速多为 100 米 / 分，根据自地面到没入云底的时间，计算出云底的高度。

平移气球　能保持在某一高度随风飘浮以进行大气水平探测的气象气球。设法使气球在某一选定的高度（等密度面）上达到净举力为零，则气球可在某高度上随气流移动进行探测。如高斯特气球在全球大气试验中，大量用于赤道等地区的环球飞行。平移气球又称为定容超压气球，气球球皮由某种膨胀伸缩极弱的薄膜制成，当气球达到固定高度后，由于球内压力不断加大，与四周大气压力维持一个较高的压差。当压差逐渐加大，气球内氢气（或氦气）的密度增高，使气球的净举力达到零，因而使气球维持在某一等密度面上平移。平移气球受垂直气流影响偏离原定等密度面时，能自动返回设定的高度，只随大气垂直方向的湍流作用有所起伏。

系留气球　进行大气边界层探测时可以使用系留气球。系留气球的球皮使用橡胶或聚酯薄膜制成，呈流线型汽艇状。使用缆绳及绞车将其拴住，并可控制其在大气中的飘浮高度。流线型会减少空气的阻力，气球尾部的水平及垂直尾翼可保持气球的稳定性。因为系留气球可以任意停在大气中某一高度，通过无线电遥测仪器，除可进行温度、湿度、气压、风向、风速等气象要素观测外，还用来观测臭氧，以及大气污染监测。

洛宾球　用于下投式垂直探测的气球。它是用聚酯薄膜制作的非膨胀型球形超压气球，充气后直径约 1 米。装在火箭前舱，当火箭升至最高点时（约 70 千米）施放。球皮内装异戊烷液体，利用其气化充气，充气后超压 10 ～ 20 百帕。球内还装有八面体的角反射器，作为雷达的观测靶。使用高精度雷达进行追踪观测。气球上携带下投式无线电探空仪，可进行空气密度、风、温度和压强的观测。气球内的充气量必须保证准确，保持固定的下沉速度。

棘面气球　直径约 2 米，专门设计为雷达追踪用的气象气球。为非膨胀型，由表面电镀金属的聚酯薄膜制成，球面上有数百个突出物（角锥），底直径 7.6 厘米，高也是 7.6 厘米的锥体突起布满球面。洛宾球本身作为高精度雷达的反射靶。球的升速也很稳定，在风速 25 米 / 秒的条件下，在 9 千米高度以下的升速，精度为 1 米 / 秒，最大上升高度约 18 千米。

其他特殊用途的气象气球还有许多，例如大型的平流层探测气球，是垂直和水平探测相结合的高层大气探测用气球。又如，串列气球是用约 5 米长的绳索将 2 ～ 3 个气球串列起来，这种方法的好处是在同样的球重及举力时串列气球比单个气球所能达到的高度高。当需要气球携带升空的载荷较重时，可采用这种串列气球。

[气象塔]

观测大气边界层气象要素铅直分布的设施平台。随着大气边界层和大气环境工作的开展，气象业务部门都在架设专用的气象塔，以塔高 100 米的最为普遍，最高的达 400 米以上。也有利用电视塔和通信塔安装气象仪器进行观测的。

1979 年，中国在北京北郊建造了第一座 320 米高度的专用气象塔，另外在天津、南京和广州等地设置了数座百米高度的专用气象塔。专用气象塔上安装的仪器可分为三大类别：①测量温度、湿度和风速梯度的观测仪器；②测量温度、湿度和风速脉动的大气湍流观测仪器；③大气化学的污染物浓度观测仪器。气象塔上安装的仪器高度通常上疏下密，采用对数等间距分布。

专用气象塔上安装的仪器性能和准确度均高于一般气象台站的仪器，多使用先进的遥测系统与数据采集及其主控计算机相联。

[气象卫星]

从外层空间对地球及其稠密大气层（主要是对流层）进行气象观测的人造地球卫星，是卫星气象观测系统的空间部分。卫星携带有各种气象遥感器，能够接收和测量地球及其稠密大气层的可见光、红外与微波辐射，并将它们转换成电信号传送到地面。地面台站将卫星送来的电信号复原绘制成各种云层、地表和洋面图片，经进一步的处理和计算，即可得出各种气象资料。

1966 年美国发射了一颗实用的气象卫星。此后，美国、俄罗斯（含苏联）、日本、欧洲空间局和中国先后发射了气象卫星。中国的为“风云”号卫星系列。截止到 2016 年 12 月，中国已经成功发射了“风云”1 号、2 号、3 号和 4 号等多

“风云”2 号卫星

颗极轨和静止气象卫星。

气象卫星按卫星的轨道一般分成两类：太阳同步轨道气象卫星（又称极轨气象卫星）和地球静止轨道气象卫星（简称静止气象卫星）。太阳同步轨道气象卫星每天对全球表面巡视两遍，间隔 12 小时左右，优点是可以获得全球气象资料。1 颗地球静止轨道气象卫星可以对地球 1/4 的地区连续进行气象观测，实时将资料送回地面。用 4 颗卫星均布在赤道上空，就能对全球的中、低纬度地区天气系统的形成、发展和变化进行无间断地连续监测，适于地区性气象业务，缺点是对高纬度地区（大于 55°）的气象观测能力较差。气象卫星通常是军民共用的。为了适应军事活动的特殊需要，有的国家发射专门的军用气象卫星，例如美国的“布洛克”号太阳同步轨道军事气象卫星。

气象卫星通常由气象观测功能系统和保障系统两部分组成。气象观测功能系统中的主要设备是气象遥感仪器。常用的有：①多通道高分辨率扫描辐射计。可以获得可见光与红外云图。太阳同步轨道气象卫星的可见光与红外云图的星下点分辨率都在 1 千米左右；地球静止轨道气象卫星的可见光云图的星下点分辨率为 0.9 ～ 2.5 千米，红外云图的星下点分辨率为 5 ～ 12 千米。②高分辨率红外分光计。可以获得大气垂直温度分布和水汽分布。③微波辐射计。配合高分辨率红外分光计工作，可以获得云层以下的大气垂直温度分布和云中的含水量。此外，还包括星载的数据存贮装置和数据传输设备。

气象卫星主要观测内容包括：①云图的动态变化对气象的影响；②云顶温度、云顶状况、云量和云内凝结物相位；③陆地表面状况（如冰雪和风沙），以及海洋表面状况（如海洋表面温度、海冰和洋流等）；④大气中水汽总量、湿度分布，降水区和降水量的分布；⑤大气中臭氧的含量及分布；⑥太阳的入射辐射、地气体系对太阳辐射的总反射率以及地气体系向太空的红外辐射；⑦空间环境状况（如太阳发射的质子、α 粒子和电子的通量密度）。

[人工影响天气]

在一定的天气条件下，通过向大气播撒催化剂等技术手段，对局部区域内大气中的物理过程施加影响，使其发生某种变化，从而达到减轻或避免气象灾害的一种科技措施。是人工增雨、人工防雹、人工消雾、人工消云、人工削弱台风、人工防霜冻和人工抑制雷电等的总称。

科学的人工影响天气始于1946年，美国的诺贝尔奖获得者I.朗缪尔及其助手V.J.谢弗和B.冯内古特等人，开展了利用干冰碎粒人工催化自然云试验，并获得成功。20世纪60年代，美国科学家J.辛普森进行了动力催化试验，获得了一定程度的成效。这些成功个例推动了人工影响天气试验的迅速发展。

飞机播撒人工催化剂

人工影响天气的理论基础是云物理学。最主要的作业技术方法是利用飞机、火箭或地面发生器等手段向云（系）中一定部位播撒人工催化剂，改变云的微结构。根据云的性质，人工催化过程可分为冷云催化或暖云催化。①冷云催化。温度为0～-30℃的云中，往往存在过冷却水滴，若在这种云中播撒碘化银或干冰等成冰催化剂，可以生成大量的人工冰晶，增加云的降水效率，达到增雨的目的。在强对流云中，人工冰晶能长大成冰雹胚胎，同自然冰雹争夺水分，使各个冰雹都不能长成危害严重的大雹块，这样可以达到防雹的目的。②暖云催化。在云中播撒吸湿性核或直接播撒直径大于0.04毫米的水滴，使它们同云滴碰并，长成雨滴而降落到地面，达到增加降雨的目的。

[人工防雹]

用人为的办法对可能产生冰雹的云层施加影响，使其不能降雹或减弱降雹强度的措施。冰雹云常常是发展旺盛的对流云。产生冰雹的主要条件是：云中要有上下强烈运动的气流，并且蕴涵大量水分。只有这样，云中小的冰雹胚胎才有发展成冰雹的足够水分供应，才有充分的机会捕捉云中水分使自身不断增大。

人工防雹的原理，就是设法减少或切断给小雹胚的水分供应。所采用的方法与人工增雨的方法类似，只是要达到防御冰雹的效果，一般需要向云中播撒足够量的播云催化剂，以产生大量冰晶，迅速形成更多的水滴或冰粒，造成同雹胚竞争水分的优势，从而抑制雹块的增长。通常，人工防雹是用高炮或火箭将装有碘化银的弹头发射到冰雹云的适当部位，以喷焰或爆炸的方式播撒碘化银，或用飞机在云层下部播撒碘化银焰剂。

由于雹云结构十分复杂，雹块产生的机制尚未弄清，依据竞争水分概念的播撒能否起作用还在不断探索。另一类防雹试验是设想用高炮、火箭向云的中下部大量集中轰击，引起云中气流变化和使过冷水滴冻结，从而破坏雹云发展，但至今还没有作出可靠的物理论证。

[人工消雾]

用播撒播云催化剂、加热或扰动混合等方法，使雾滴蒸发而消除的措施。出现雾时，大气的能见度降低，会给交通运输带来严重影响。雾的物理性质不同，必须区别情况，采用不同的人工消雾方法。

人工消冷雾　向雾中播撒成冰催化剂，使雾中产生大量冰晶，冰晶与水汽和水滴共存时，由于冰面饱和水汽压小于水面饱和水汽压，雾中的水汽便会迅速凝华到冰晶上。冰晶的增长抑制水滴的增长，并促使水滴不断蒸发、数量减少，从而达到减少和清除大气中雾滴的效果。从技术上讲，人工消冷雾较为成熟。

人工消暖雾 人工消暖雾的技术尚处于进一步的试验研究之中，采用的方法有：播撒氯化钙等吸湿性核，在雾中培植大水滴，拓宽雾滴谱，诱发冲并过程，造成雾的沉降，使雾消散；加热方法，增加局部区域温度，使雾滴蒸发而消散；用喷气发动机产生热气，靠热动力扰动气流，使雾蒸发消散；采用直升机破坏雾层顶部的逆温层，使雾因气流上升而消散等。

[人工增雨]

采用人为的办法对一个地区上空可能下雨或者正在下雨的云层施加影响，使降水量增加的措施。人工增雨是采用向云中播撒播云催化剂的方法使自然云激发或增加降水，或是改变降水的分布。除利用碘化银等成冰催化剂外，还可用吸湿性核或直径大于 0.04 毫米的水滴对云体进行播撒，加强云中碰并过程和雨滴的增长，达到增加降雨的目的。

1946 年美国科学家 V.J. 谢弗用飞机向 -20℃ 的层状过冷云播撒干冰，5 分钟后，云下出现雪幡，获得人工增雨首次试验成功。由于有潜在的巨大经济效益，人工增雨受到广泛重视，在许多国家和地区都开展了试验研究。中国也在 1958 年开始了试验研究工作。

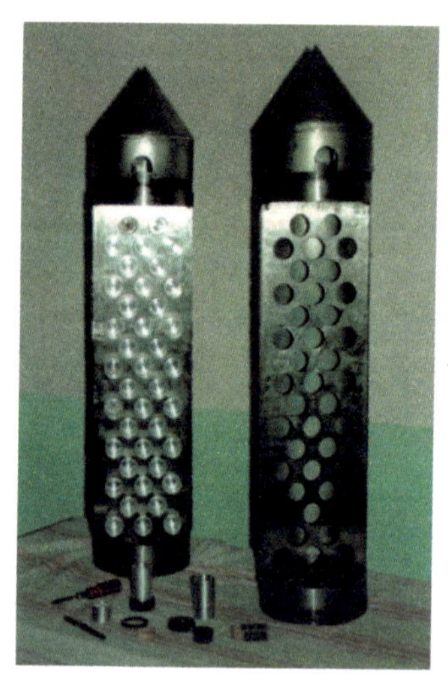
人工增雨火箭弹的结构

人工增雨的效果同云的自然条件有密切关系。云中温度、过冷云水含量和冰晶浓度是决定播云增雨效果的主要云条件。就整个云体来说，云顶温度一般最低，常将它作为估计云中自然冰晶浓度的参数。当云顶温度太低时，云中自然冰晶浓度一般较高，用人工催化增加冰晶浓度达到增雨的效果不显著。当云顶温度太高时，碘化银等催化剂的成冰能力则较低，不利于人工催化。当云顶温度处于 -10 ～ -25℃时，自然冰晶浓度低，云中有丰沛的过冷云水，人工增雨效果则比较明显。

工作人员在装弹进行人工增雨

由于水资源对国民经济的重要性，人工增雨作为开发水资源的重要手段，受到广泛的重视。世界上大约有 80 个国家和地区开展了人工增雨试验，美国、俄罗斯和以色列等国的规模较大，作业技术较先进。中国北方各省，主要用飞机向大范围层状云中播撒干冰或碘化银等成冰催化剂，南方各省，也曾用飞机、高炮或火箭向积状云内播撒盐粉或碘化银等催化剂，以期增加旱季的降水量。由于云降水过程自然变率很大，人工催化过程中的一些科学问题还不是很清楚，人工增雨的效果检验仍有很大困难。

[播云催化剂]

为改变云（雾）的微结构和演变过程而往云中播撒的物质。又称人工催化剂。往云中播撒播云催化剂的目的是为了人工影响天气。播云催化剂分成三类。第一类是可以产生大量冰晶，诱发或加强云中冰水转化的碘化银等成核剂；第二类是可以使云中水分冷却形成大量冰晶的干冰和液氮等制冷剂；第三类是可以吸附云中水分变成较大水滴的盐粒等吸湿性物质。

碘化银、干冰和液氮等是适用于温度低于 0℃冷云的催化剂，而盐粒等是只适用于温度高于 0℃暖云的催化剂。适用于冷云的播云催化剂，至今仍以碘化银和干冰为最优良的催化剂而被广泛使用。碘化银具有成冰率随温度降低而增大的重要特性。在环境温度为 -10 ~ -20℃的条件下，1 克碘化银产生 10^{12} ~ 10^{14} 个冰晶。干冰是一种很有效的冰核化剂，每释放 1 克干冰能产生约 10^{12} 个冰晶，而且成冰效率在 -1 ~ -11℃基本不依赖于温度。干冰必须直接投到云的过冷区中，所以通常要求有机载播撒系统。优良催化剂应该是有效、经济而便于使用的。此外，作为催化剂的物质应是无毒、无腐蚀性、长期大量使用不致影响生态的。

[天气图]

反映某一时刻一定地区天气状况和天气形势的图。如地面天气图、高空天气图、雨量图、变压图等。天气图是制作天气预报的基本工具。

简史 1820 年德国人 H.W. 布兰德斯把过去同一时刻、不同地点观测的气压和风的记录填在一张地图上，绘制出世界上第一张天气图。1851 年，英国人 J. 格来舍制作出第一张利用电报收集的各地观测的气象资料，及时填绘分析而成的地面天气图，是现代天气图的雏形。20 世纪 30 年代，随着无线电探空站网的建立，开始了高空天气图的分析制作。

分类 天气图一般分为：地面天气图、高空天气图和辅助天气图，用于从不同侧面描述当前的天气和天气系统的现状。若按成图的时间又可分为：实况分析图，即按实际观测记录绘制的天气图；预报图，即根据天气分析、数值预报和其他预报手段制作出的未来 24、48、72 小时，甚至更长时段的天气形势、天气系统和具体天气（如雨区和等雨量线、大风区、雾区、沙尘区等）的分布图；历史天气图，即根据实际气象观测资料和经过天气系统演变的连续检验而制作的、供存档和事后分析研究用的天气图。

地面天气图 又称地面图。把各地面气象站观测的气象要素和天气现象，用规定的格式和符号，填在不同投影底图的相应站点位置上，然后在图上分析气压等值线、天气区（降水区、沙尘区、雾区、雷暴区、大风区等）、锋、气旋和高、低气压中心等天气系统，形成一张综合表示各种天气现象现状和天气系统位置及强度的分布图。

高空天气图　又称高空等压面图或高空天气形势图。把各探空站观测的各标准等压面的位势高度、温度、湿度和风向、风速等观测值按规定的格式和符号填绘在不同投影底图、不同等压面的相应站点位置上，在同一等压面图上按照一定的规则分析等位势高度线和等温线，进而分析相应等压面上的高压脊、低压槽和高、低气压中心等天气系统，最终形成一张能反映各地区上空不同高度处大气运动状况和天气系统位置的分布图。

把地面天气图和不同等压面的高空天气图综合在一起，就能清楚地指出各地当前的天气状况，产生这种天气的天气系统，它的水平分布和空间分布，与此相应的大气的动力状况和热力状况，从而为天气预报提供最重要的信息，成为其主要依据。

[卫星云图]

在气象卫星观测平台上，遥感探测器从宇宙空间对地球大气进行观测得到的地球云覆盖和地表特征的图像。各种不同尺度的天气系统的云区、各种不同的地表特征，在这种图像上都有其特定的色调、范围大小和分布形式。利用卫星云图可以识别不同的天气系统，确定它们的位置，估计其强度和发展趋势，为天气分析和天气预报提供依据。卫星云图具有全球覆盖和高时空分辨率等特点，在常规观测资料稀少地区和对生命史短的中小尺度强对流天气系统的监测等方面作用更为突出。

按气象卫星上获取云图的遥感探测器的光谱通道不同，卫星云图分为可见光云图和红外云图两大类。

气象卫星上的扫描辐射仪对地球大气进行扫描观测，其中在可见光通道（如波长在0.5微米附近）得到的云图称为可见光云图。在可见光云图上，不同种类的云和不同性质的下垫面，由于其反照率不同，表现为不同的亮度或灰度。最亮的、反照率最大的区域表现为白色，如积雨云。反照率最低的区域表现为黑色，如深海海洋。荒漠和沙漠地表在晴空的可见光云图上呈灰色。可见光云图是形象而直观地区分不同种类云和地表的主要工具。但这种云图的获取需要光照条件，只在白天有图像。

中国“风云”2B号气象卫星传回的卫星云图

扫描辐射仪在大气红外窗区波段（通常是10～12微米）遥感地球大气的发射辐射所获得的云图称为红外云图。它不依赖日射，可以昼夜获取云图。在这个波段大气的吸收很少，卫星上所探测的辐射主要来自云层（有云地区）和地表（晴空区）。根据辐射定律，红外辐射的强度取决于发射物体的温度。因此，红外云图实际上就是地表和云顶温度的分布图像。温度越低、云顶越高的云区在红外云图上越白（如积雨云顶）。由于地表温度有日变化，所以红外云图上地表色调也有日变化。在红外云图上，便于分析识别高、中、低云，但难于识别低云与周围温度相近的地表；便于识别云顶很高的卷云，但难于识别云区内起伏多变的纹理结构。在实际卫星云图分析应用时，总是把上述两种云图配合使用，得到最佳的分析识别效果。

随着遥感技术的发展，利用大气的水汽吸收带（如6.7微米附近）获取的水汽图像和微波窗区通道（89吉赫和150吉赫）获取的微波图像，也具有一定的监测云和地表的能力。

[天气预报]

根据大气探测信息，应用天气学、动力气象学、统计学的原理和方法，对某一区域或某一地点未来一定时段的天气状况作出定性或定量的预测。它是大气科学研究的最重要目标之一。

发展 天气预报的发展大体上可分为三个阶段：单站预报、天气图预报和数值天气预报。

17 世纪以前，人们通过观测天象、物象的变化，用简单生动的语言编成天气谚语，据此预测当地未来的天气。17 世纪以后，温度表和气压表等观测仪器相继投入观测业务，依据温度、气压和湿度等单站气象要素的时间演变来预测未来的天气。这是天气预报的初级阶段。

1851 年，英国根据电报传来的各地气象观测资料，及时地绘制出地面天气图。在其上分析高、低气压等天气系统的位置和演变，据此制作出最早的天气图预报。20 世纪 30 年代，利用无线电探空站网的观测资料，绘制出了高空天气图，结合当时气象科学研究的成果，如气团学说、极锋理论和长波理论等，使天气图预报方法更趋完善，预报效果不断提高。20 世纪 40 年代，天气雷达投入应用。60 ～ 70 年代，气象卫星进入业务运行，雷达回波图像和卫星云图直观而生动地显示出台风、暴雨、飑线、锋面、气旋和急流等天气系统的状况。把这些信息与天气图上天气系统的动力和热力特征结合在一起，使天气图预报方法的精度和时效均得到提高。

20 世纪 50 年代，电子计算机的运算能力与动力气象理论、数学物理方法相结合，实现了数值求解经过简化的控制大气运动的偏微分方程组，使利用初始时刻的气象观测资料，客观地计算出未来的大气状况的数值天气预报成为可能。随着计算机运算能力成数量级的增加，对控制大气运动的物理因子更深入的理解，卫星遥感与常规探测相结合的大气探测系统逐步建成，更好的初值和更多物理因子的引入，到 21 世纪初，120 小时的数值预报形势场达到了可用的水平。

预报种类 按天气预报的时效长短，可分为：①短时预报。根据雷达、卫星和中尺度数值预报场，对局地强风暴系统的动向进行的 0 ～ 6 小时的预警。②短期预报。预报未来 24 ～ 72 小时的天气状况。③中期预报。对未来 4 ～ 15 天的天气预报，主要预报有无天气过程及何种天气过程，能否出现灾害性天气，以及天气变化趋势。④短期气候预测。包括 1 个月至 1 年的预报和 1 ～ 5 年的气候趋势预报。主要应用统计方法、动力模式的延伸和海气耦合的气候模式等手段，对气象要素的平均值和多年平均值的偏差量进行预报。

随着卫星遥感技术、通信技术和计算机技术的高速发展和进步，天气预报及其服务正在向全面自动化的方向发展，即从地球大气探测信息的获取、信息收集、气象信息加工和预测到分发服务，全部由计算机、服务器和通信网络来完成，工作人员根据屏幕显示，以人机交互的方式完成各种预报服务任务。

[数值天气预报]

根据大气运动的不同情况以及预报空间和时间的要求，在一定的初值和边值条件下，通过数值计算，求解描写大气运动和状态演变的方程组，对未来天气作出预测的方法。通常，这样的方程组包含 7 个方程（3 个运动方程、1 个连续性方程、1 个状态方程、1 个热力学方程和 1 个水汽方程）和 7 个待求函数（速度沿 X、Y、Z 三个方向上的分量 u、v、w，压强 p，温度 T，密度 ρ 和比湿 q）。方程组中的黏性力、非绝热加热和水汽量等都当作空间、时间和 7 个待求函数的函数。这样，方程的个数与待求函数的数目相同，因而方程组是闭合的。

由于大气运动状况的差异或预报要求的差异，描写大气运动和演变的方程组可以有不同的简化模型，这就是大气模式。常用的大气模式有正压模式、斜压多层模式、准地转模式、平衡模式和原始方程模式等。就计算方式而言，有差分模式和谱模式等。

数值天气预报是一种定量的和客观的预报，除要求预报模式能较好地反映大气实际状况外，还应有较正确的计算方法、较协调的资料处理、较精确的客观分析和快速的计算机系统。

中国的数值天气预报，从接收资料到填图、分析和输出预报图都已实现自动化。不仅做北半球范围的 1 ～ 2 天的短期数值天气预报，而且还做 3 天甚至一个星期左右的中期数值天气预报。

[农业气象预报]

根据气象条件与农业生产之间的关系，针对农业生产的需要而进行的专业气象预报。农业气象学的分支，是气象为农业服务的重要任务之一。

预报的内容和时效 ①农用天气预报。如作物收获期晴雨、放牧季节大风雪等对农牧生产有重要影响的天气预报。②农业气象条件预报。如作物生育期间的土壤水分或热量条件预报。③发育期预报。如禾谷类作物拔节、抽穗、成熟期，果树开花、采摘期预报。④农业气象产量预报。主要针对种植面积较大的大田作物，如小麦、水稻的单位面积产量和总产量发布预报。⑤农业气象灾害预报。如旱、涝、霜冻、冻害、干热风等预报。⑥作物病虫害气象预报。如黏虫、稻飞虱、小麦锈病等发生、蔓延、分布的预报。⑦森林火险预报。如易发生林火的危险天气预报、林火发生区域及蔓延趋势预报。⑧渔业气象预报。如渔场水温、大风、海雾等与渔业密切相关的气象预报。

预报的时效可分为短期（48 小时以内）、中期（3 ～ 10 天以上）、长期（一个月以上）、超长期（一年以上）。预报范围按服务区域而定。

预报的根据和方法 农业气象预报是建立在被预报量与预报因素之间定量关系的基础上，其根据可概括为：①农业产量是在整个生育期间逐渐累积的结果，前期农业气象条件影响下的农业生产状况是未来农业生产状况及产量形成的基础。可根据过去农业气象条件估算未来农业状况。②气象因素对预报对象的作用具有持续性。如良好的土壤水分条件，即使经历短期无雨，作物也会生长良好。③在一定区域范围内，农业气象条件和作物生育状况都是近似的，可选用若干有代表性的站点资料开展区域性农业气象预报。④各气象因素对预报对象的影响是复杂的，在具体区域内抓住农业关键时期、主导气象因素可取得较好的预报结果。⑤各农业气象条件对农业的影响是综合的、交互的，建立多因素综合预报模式，可以提高预报质量。农业气象预报一般多考虑气象因素、生物因素、土壤因素和农业技术因素。

预报方法可归纳为：①统计学方法。②天气学方法。③气候学方法。④物候学方法。⑤数学物理模拟方法。⑥卫星遥感方法等。

预报的作用 有助于掌握未来农业气象条件和农作物、牲畜等生育状况的变化，有针对性地利用有利天气，合理安排生产，以提高作业效率；提早做好防灾、抗灾的准备，减轻灾害损失；估算农业产量，有计划、有准备地安排农产品的收获、运输、贮藏、供销等工作。

[气候监测]

用现代化技术对气候系统进行监视探测的总称。目的是通过全球观测和信息传输及处理网络，准确地了解气候系统各部分的现状和变化，提供及时的信息和诊断分析服务，并为气候环境研究和预测搜集资料。

“气候监测”一词是美国 J. 库茨巴赫等人在 20 世纪 70 年代首先提出的。在 1979 年世界气象组织公布的《世界气候计划，1980 ～ 1983 年计划提要与基础》中，将气候监测列为“气候资料计划”（1991 年更名为“世界气候资料和监测计划”）的重要组成部分。从 1991 年开始，世界气象组织大约每两年出版一期《全球气候回顾》，概述全球和区域气候变化与气候灾害的监测结果。美国、日本、中国、澳大利亚等国还定期出版气候监测公报，提供气候监测和预测信息。此外，还有大量气候监测信息在互联网上交流。

随着现代科学技术的进步、气候研究的深入和研究领域的拓宽，气候监测的内容日益广泛和精细。监测工作由全球范围多学科协作进行。主要监测系统包括全球气候观测系统、全球海洋观测系统和全球陆地观测系统，并把通过世界天气监视网、全球大气监视网、全球海平面观测系统和国家水文监测网等已有的业务观测系统得到的气候资料综合进去。观测方式有现场观测（由观测站、海洋浮标、气球、船舶和飞机等进行）和遥感探测（如卫星、雷达等）。

观测项目包括：温度、湿度、压力、风、云、降水、大气成分、气溶胶、辐射等有关大气的要素和天气现象，海水的温度、盐度、化学成分、波浪、洋流、海面高度、海冰和海洋与大气通量交换等海洋观测项目，有关陆地地质土壤、水文、地貌植被、冰雪覆盖、生物和人类活动等物理、化学和生物学参数，还有太阳活动及轨道参数等其他地球物理项目。

[气候资源]

人类生产和生活可以利用的各种气候条件。自然资源的一种。与物产和矿产等资源不同，气候资源是一种环境资源。

不同的气候区有各自不同的气候资源。高温高湿的热带雨林，水、热资源充分；干燥多风的沙漠，太阳能和风能丰富；冰天雪地的极地储藏着大量的淡水。四季如春与酷暑严寒，骤雨频发与狂风连连，天高气爽与大雾漫漫，都有各自的气候资源优势，同时也存在造成气候灾害的可能，如光、热、水、气等条件的某种组合构成有效的农业气候资源，而另一种组合则可能构成严重的农业气候灾害。同一种气候条件，既可能成为资源，又可能酿成灾害，如对多台风地区，人们既盼望台风能带来丰沛的雨水以解除干旱，又不想看到狂风暴雨毁坏海堤、房屋和农田。

合理利用和开发气候资源，主要是趋利避害。近百年来社会经济发展和气候环境变化的情况表明，人类与地球环境必须和谐相处，如过度的农业开垦、森林砍伐和矿物燃料的使用，给气候和生态环境带来严重破坏，使土地沙漠化。现在人们不得不退耕还林、退牧还草和限制二氧化碳等温室气体的排放。因此，对气候资源的利用，既要看到当前的生产发展需要，更要对未来可能引起的环境变化进行评估，做到开发适度，利用合理，使社会经济持续发展，气候环境不断改善。为此，要研究气候资源和气候灾害的时间和空间分布规律，进行气候区划，拟定气候资源开发和改善气候环境的规划，如制作国家或地区的综合气候区划，及有关农林、公交、建筑、旅游、能源和水资源利用等专业的气候区划。

[气候区划]

根据气候特征的相似和差异程度，用一组指标，将全球或某一地区的气候进行逐级划分。使同一区域内气候大致相同，而不同气候区间则明显不同。

气候区划可分为综合性气候区划和专业性气候区划两类。前者如世界气候区划、中国气候区划，后者如建筑气候区划、农业气候区划、气象能源（风能、太阳能）气候区划等。有的专业气候区划中，还可进行更细的单项气候区划。例如农业气候区划中可有小麦、水稻、棉花、玉米、大豆、油菜、茶树、柑橘、橡胶等单项农作物或经济作物的气候区划。

气候区划的目的，是为了摸清所研究区域内的气候情况，便于尽量利用气候资源，同时避免不利气象条件以尽量减少灾害损失。气候区划的指标，综合性气候区划主要突出共性，如热量、水分等；专业气候区划主要考虑矛盾的特殊性，根据专业需求而定。

第三章 大气的学问

[大气科学]

研究大气的各种现象，这些现象的演变规律，以及如何利用这些规律为人类服务的一门学科。大气科学是地球科学的一个分支学科。它的研究对象主要是覆盖整个地球的大气圈，以及大气圈与水圈、岩石圈和生物圈的相互关系。此外，还研究太阳系其他行星的大气圈。

地球表面的低层大气是人类赖以生存的主要环境。大气的各种现象及其变化过程，既可带来雨泽和温暖，造福人类；也可造成酷暑严寒，以至旱涝风雹等灾害，直接影响人类的生产和安全。同时，人类在生产和生活的过程中，也不断地影响着自然环境（包括大气）。如何认识大气中的各种现象，及时监测其发生发展过程，准确地预报未来的天气、气候，并对不利的天气、气候条件进行人工调节和防御，是人类自古以来一直不断探索的领域。随着科学技术和生产的迅速发展，大气科学在国民经济和社会生活中的巨大作用日益显著，其研究内容也从大气动力学与物理过程，拓展到大气化学过程以及与生物过程的相互作用。

大气科学的研究对象——地球大气，无论它的组分、结构，还是它的运动，都存在着确定性和不确定性两个方面。这正是大气科学研究复杂性的一面。天气变化、气候异常以及大气质量变化同人类的生活和生产活动休戚相关，正确的天气预报、气候预测以及改善大气环境品质对人们具有极大的迫切性，这正是大气科学研究为人类紧迫所需的应用性的一面。这种艰巨而有意义的科学事业不断吸引着人们去探索地球大气的奥秘。

研究特点　大气科学研究有以下主要特点。

大气科学研究不能仅限于大气圈在地球表层，除大气圈以外，还存在着水圈、冰雪圈、岩石圈和生物圈，这些圈层组成一个综合系统。大气圈中发生的各种变化都受其他圈层的影响；反之，大气圈也影响着其他圈层的变化。研究大气运动的能源，大气中的物质循环、能量转换和变化过程，大气环流及天气、气候的分布和变化，都必须考虑大气圈同水圈、冰雪圈、岩石圈、生物圈之间的相互影响和相互作用。如：大气运动的根本能源是太阳辐射，但大气直接吸收的太阳辐射能仅占到达大气上界辐射能的19%，大部分太阳辐射能（约51%）是被地表吸收后再通过感热通量、潜热通量和辐射通量方式供给大气的。这些通量受近地层大气状态、地表的状态（如海洋、陆地、植被、冰雪）及其热力特性等所控制。又如：大气的组成及其物理和化学性质，除受大气内部物理、化学过程的影响外，还受水圈、冰雪圈、岩石圈和生物圈的影响。海洋通过水的相变、水汽通量和感热通量过程，植被通过光合作用和蒸腾过程，土壤通过水汽通量和感热通量过程等影响大气的温度和水汽、二氧化碳等的含量。火山爆发和人类活动等影响大气中气溶胶含量、大气成分和辐射过程等。再如：地形起伏和植被状况对气流的摩擦作用，影响着地表和大气之间的动量交换；大地形对气流的强迫绕流和强迫爬升及下滑作用，影响着大气的环流特征；海陆分布的不均匀性，影响着大气环流和天气、气候的非带状分布和南北半球的非对称分布。

大自然是大气科学研究的实验基地。大气圈不是孤立的，在空间和时间上具有宽广尺度谱的各种大气现象也不是孤立的。它们种类繁多，相互叠加又相互影响。即使同一类现象，其结构也不尽相同。影响这些大气现象的因素非常复杂，人类至今还很难在实验室内用人工控制的方法对它们进行完整的实验和研究。只能以大自然为实验室，组织从局地到全球的气象观测网，运用多种观测手段（如气象卫星、气象雷达、飞机等）对大气现象进行长期的连续的观测，特别是定量的观测，以获取资料；对有关气候现象还需搜集地质考察、考古发掘、历史文献和古环境分析等资料。大气科学家们通过对大量资料的分析和综合，提炼出量与量之间的定性的或定量的关系，归纳出典型现象的模式特征，如锋面、气旋、大气长波等，在模式的基础上运用已知的物理学和化学的基本原理以及数学工具和计算技术进行理论上的演绎和模拟，导出新的结论。理论模式是否合理，还需回到大自然的实验室中进行检验，有些理论模式还有待于新的观测资料加以证实。经实践检验的理论才可指导实践（如指导天气预报等）。大气科学正是通过大自然这个实验室，遵循观测（实践）—理论—观测（实践）这个基本法则不断发展，不断为社会的生产和人类的生活服务的。

国际合作是推动大气科学发展的必要途径。全球大气在不停地运动着，而且是一个整体，一个地区的大气运动受着其他地区大气运动的影响，不同尺度的大气运动又相互作用着，其变化之快、变化范围之广、变化形式之多，是自然界突出的。为掌握大气运动的特征，就必须对大气进行连续的、高频率的、全球性的观测。为掌握全球大气的各种信息，必须在站网布局、观测项目、资料处理规范、信息传输等方面作出统一规划和求得协调。全球数以万计的为天气预报进行观测的气象站，要在相同的时间，用接近相同的仪器和观测方法，在全球各地进行同步观测；由气象卫星、气象雷达等探测手段观测的大量资料，凡用于天气预报业务的资料还要作同步处理。这些资料都要在观测完毕后的短短数十分钟内迅速集中到世界气象中心和各国的气象中心。再加上为数更多的水文气象站和海洋观测站等观测资料。资料的范围大、数量多、传递要求快。这一切只有通过国际间的密切合作才能实现。大气科学研究中的这种高度分散（观测站点）、高度集中（资料迅速集中）、高度协调（观测站址、观测仪器和方法）、高度合作（国际间合作）的特点，是其他学科无法比拟的。

学科分支 大气科学的分支学科主要有大气探测、气候学、天气学、动力气象学、大气物理学、大气化学、人工影响天气、应用气象学等。

大气探测是一门研究探测地球大气中各种现象的方法和手段的学科。按探测范围和探测手段划分，大气探测有地面气象观测、高空气象观测、大气遥感、气象雷达、气象卫星等分支。探测手段的飞跃往往带来以往难以预计的重大发现，在大气科学的发展进程中，大气探测起了十分重要的作用。

气候学是一门研究气候的特征、形成和演变以及气候同人类活动相互关系的学科。研究内容主要包括气候特征、气候分类、气候区划、气候成因、气候变化、气候与人类活动的关系、气候预报和应用气候等。20 世纪 70 年代以来，全世界发生了几次气候异常，尤其是 20 世纪末期气候异常的严重影响更令人瞩目。人类活动和工业生产引起大气中二氧化碳和其他有温室效应的气体（如甲烷、一氧化二氮等）含量逐年增加，它们对地球气候的影响，也是非常令人关切的问题。电子计算机的采用，促进了对气候变化物理因子和气候模拟的研究，气候预测已成为一个具有战略意义的课题。

天气学是一门研究大气中各种天气现象发生发展的规律以及如何应用这些规律来制作天气预报的学科。研究内容主要包括天气现象、天气系统、天气分析和天气预报等。气候学和天气学研究的成果，直接服务于国民经济建设。

动力气象学是一门应用物理学和流体力学定律及数学方法，研究大气运动的动力和热力过程及其相互关系的学科。研究内容主要包括大气热力学、大气动力学、大气环流、大气湍流、数值天气预报和数值模拟等。动力气象学的发展对更深刻地认识大气运动的机理、掌握天气和气候变化的规律有十分重要的作用，它是大气科学的理论基础学科。

大气物理学是一门研究大气的物理现象、物理过程及其演变规律的学科。研究内容主要包括云和降水物理学、大气光学、大气电学、大气声学、大气辐射学等。

大气物理学也是大气科学中的理论基础学科。20 世纪 50 年代以后，也有人把动力气象学包括在内都称为大气物理学。

大气化学是一门研究大气组成和大气化学过程的学科。研究内容主要包括大气微量气体及其循环、大气气溶胶、大气放射性物质和降水化学等。

人工影响天气研究如何通过影响云和降水的微物理过程使某些大气现象、大气过程发生改变的技术和方法。如人工增雨、人工防雹、人工消雾等。人工影响天气是人类改造自然的一个组成部分。

应用气象学是将气象学的原理、方法和成果应用于农业、生态、水文、航海、航空、环境、军事、医疗等方面，同各个专业学科相结合而形成的边缘性学科，也是研究充分开发利用气候资源的重要领域。

大气科学的各个分支学科彼此不是孤立的，如天气学和气候学与动力气象学相结合，产生了天气动力学和物理动力气候学。探测手段的不断革新和痕量化学分析技术的发展，推动了对大气的物理性质和化学性质的分析研究，促进了大气化学的发展。尤其是大气中二氧化碳和甲烷等微量气体对气候影响的日益显著，以及大气污染和酸雨问题的出现，不仅使人们更加认识到大气化学在大气科学中的重要性，而且随着研究的深入，更认识到大气化学过程和大气物理过程的相互作用，从而促进了这两个分支学科的相互结合。气象卫星探测与天气分析相结合产生了卫星气象学，气象雷达探测与云和降水物理学相结合产生了雷达气象学。大气科学学科分支又分又合的过程，反映了大气科学的不断深入发展。

大气科学在很长的历史发展过程中，先是以气候学、天气学、大气热力学和动力学问题以及大气中的物理现象（如电象、光象、声象）为主要研究内容，传统称之为“气象学”。随着现代科学技术在气象学中的应用，其研究范畴日益扩展，因而从 20 世纪 60 年代以来，“大气科学”术语的应用日益广泛，它大大扩充了传统气象学的研究内容。由于人类越来越认识到大气圈与水圈、冰雪圈、岩石圈和生物圈之间相互作用和相互影响的重要性，要了解大气变化过程就不能不深入到其他圈层变化过程的研究，从物理与力学过程拓展到化学与生物过程的研究。

因此，大气科学的研究内容越来越广泛，与其他学科之间的相互渗透也越来越深入。

与其他学科的关系 大气科学依据物理学和化学的基本原理，运用各种技术手段和数学工具，研究大气的物理和化学特性、大气运动的各种能量及其转换过程、各种天气气候现象及其演变过程、天气以及其他某些现象的预报方法、影响某些天气过程的技术措施、大气现象各种信息的观测和获取以及传递的方法和手段等。和其他学科一样，大气科学是同许多学科相互渗透、相互借鉴的。诸如：研究大气运动，需同流体力学、热力学、数学密切合作；研究太阳辐射以及太阳扰动在大气中引起的各种机制，需同高层大气物理学、太阳物理学和空间物理学密切合作；研究水分循环、海洋和大气的相互作用，需同水文科学、海洋科学密切合作；研究地球大气的演化、地球气候的演变，需同地球化学、地质学、冰川学、海洋科学、生物学和生态学密切合作；研究大气化学、大气污染，需同化学、物理学、生物学和生态学密切合作；研究大气问题的数值模拟、数值天气预报等，需同计算数学等密切合作；研究大气探测的手段和方法，需同有关的技术科学密切合作；在大气探测、天气预报等自动化的进程中，大气科学还不断同信息理论、系统工程等科学技术领域密切合作。在相互合作和相互渗透的过程中，大气科学不断汲取其他学科的养料；大气科学特定的要求又不断为其他学科开辟新的研究前沿，不断丰富着其他学科的内容。

发展概略 大气科学是一门古老的学科。有关天气、气候知识起源于长久的生产劳动和社会生活的经验之中。早在渔猎时代和农业时代，人们就逐渐积累起有关天气、气候变化的知识。中国在公元前 2 世纪见于《淮南子 · 天文训》和《逸周书 · 时训解》的二十四节气和七十二候，就是从生产和生活实践中总结出来的，它又被用来指导农事活动。后来的工农业生产活动，军事活动，航海、航空、航天活动，以及对海洋、冰川、高原、空间等考察的发展，都为大气科学不断提出新的课题，推动着大气科学的发展。

17 世纪以前，人们对大气以及大气中各种现象的认识是直觉的、经验性的。17 ～ 18 世纪，由于物理学和化学的发展，温度、气压、风和湿度等的测量仪器的陆续发明，氮、氧等元素的相继发现，为人类定量地认识大气的组成、大气的运动等创造了条件。于是，大气科学研究开始由单纯定性的描述进入了可以定量分析的阶段。这是大气科学发展进程中的一次飞跃。1820 年，在气压、温度、湿度、风等气象要素的测定和气象观测站网逐步建立的条件下，H.W. 布兰德斯绘制了历史上第一张天气图，开创了近代天气分析和天气预报方法，为大气科学向理论研究发展开辟了途径。这是大气科学发展史上的又一次飞跃。1835 年科里奥利力的概念和 1857 年 C.H.D. 白贝罗提出的风和气压的关系，成为地球大气动力学和天气分析的基石。1920 年前后，气象学家 J. 皮耶克尼斯、H. 索尔贝格和 T.H.P. 伯杰龙等提出的锋面、气旋和气团学说，为天气分析和预报 1 ～ 2 天以后的天气变化奠定了理论基础。1783 年，法国 J.A.C. 查理制成了携带探测气象要素仪器的氢气气球。20 世纪 30 年代无线电探空仪开始普遍使用，这就能够了解大气的铅直结构，真正三度空间的大气科学研究从此开始。根据探空资料绘制的高空天气图，发现了大气长波。1939 年气象学家 C.G.A. 罗斯比提出了长波动力学，并由此引出了位势涡度理论。这不仅使有理论依据的天气预报期限延伸到 3 ～ 4 天，而且为后来的数值天气预报和大气环流的数值模拟开辟了道路。1946 年 I. 朗缪尔、V.J. 谢弗和 B. 冯内古特的“播云”试验，探明了在过冷云中播撒固体二氧化碳或碘化银，可以使云中的过冷水滴冰晶化，增加云中的冰晶数目，促进降水，从此进入了人工影响天气的试验阶段。

20 世纪 50 年代以前，大气科学虽然取得了很大的进展，但因受海洋、沙漠等人烟稀少地区缺乏资料的限制以及计算上的困难，还不能摆脱定性或半定性的研究状态。50 年代以后，各种新技术特别是电子计算机和气象卫星的采用，使大气科学有了突飞猛进的发展，主要表现在以下两个方面：

①不断采用新的探测技术，使大气科学研究进入了宏观愈宏、微观愈微的新阶段。由于采用气象卫星、气象火箭和激光、微波、红外等遥感探测手段以及各种化学痕量分析手段等新技术，对大气的观测能力增强了，观测空间扩展了。如赤道上空五个地球同步卫星和两个极轨卫星几乎能提供全球大气同时间的情况，

不再存在气象资料的空白地区。气象多普勒雷达可观测云的细微结构。气象卫星、新型气象雷达、飞机等探测手段联合应用，为开展各种规模的综合观测试验，为早期发现和追踪台风及生命史短至几小时的小尺度灾害性天气系统，为提高短期和短时预报水平，以及改进中期预报提供了条件。气象卫星在大气层外探测大气，不仅加大了观测范围，而且极大地丰富了观测内容，如广阔洋面的温度、云的微观结构、大气的辐射平衡以及地表特征等。气象卫星已成为现代大气科学发展的支柱之一。

②电子计算机的使用，使大气科学研究进入了定量和试验研究的新阶段。大气的各种现象，大至全球的大气环流，小至雨滴的形成过程，都可以依照物理和化学原理以数学形式表达，然而只有用电子计算机才可能实际地进行运算并模拟这些现象的发生、发展和消亡的过程。大气中各类现象的相互影响，以及大气现象中的跃变形式（如飑线），都存在非常复杂的非线性问题。由于数学上的困难，以往大都是在某种假定下，首先把非线性的数学模式线性化，然后求解；大型高速电子计算机的问世，为解非线性方程提供了条件。此外，随着科学技术的发展，人类往往需要了解几星期、几个月甚至一年以上大气可能出现的状态。这也需依靠高速计算机获取和处理全球资料，以全球模式来进行天气预报和气候预报。电子计算机是现代大气科学发展的另一个支柱。

大气科学的迅猛发展正方兴未艾。随着全球变化、世界气候计划、国际地圈-生物圈计划、国际人文因素计划、生物多样性计划及其他专项计划的执行，在常规观测系统的基础上，将更多地运用气象卫星、海洋观测卫星、地球环境卫星、多普勒雷达和各种特殊装备的飞机等多种探测手段，以及新的大气化学观测和分析方法，进行各种特殊项目的观测，如海面高度、太阳常数、云和辐射的反馈、土壤湿度、海-陆-气相互作用、碳循环等。通过以上观测和计划的执行，将对气候变化和中小尺度天气系统的精细结构及其发生发展原因有更加广泛和深入的研究，研究成果将不断提高对灾害性天气预报的水平，不断预示人类活动对气候影响的可能后果，以防患于未然。如近年来由人类活动造成大气中甲烷和一氧化二氮等微量气体含量的增加而引起的大气温室效应，据估计，可能很快达大气中二氧化碳所引起的温室效应的一半。这些温室效应的总效果可能导致地球气候发生很大变化。同时，大气气溶胶对天气气候变化的影响也正日益受到重视。对温室效应气体和大气污染等问题的深入研究，使得大气化学的重要性越来越显著，大气化学将会更加迅速地发展。

[气象学]

研究天气现象及大气运动的学科。由于早期人类的农耕渔猎等生产活动以及战争等军事活动都与天气和气候密切相关，所以气象学长期以来都受到广泛重视。

中国殷商甲骨文中就保留了大量有关天气现象的记录，出现晴、阴、云、雾、风、雨、霜、雪、雷、电等文字。早期气象学是以描述自然现象、传播天气谚语为主的描述性学科，属于地学范畴。随着17世纪物理学的发展及温度表、气压计等基本气象观测仪器的发明，气象学进入以器测为主、具有一定数理基础的现代科学。至20世纪中期，气象学已发展成为以热力学和动力学为基础的，具有天气学、动力气象学、气候学、数值天气预报等主要分支学科的发展较完善的数理科学。20世纪60年代起，由于研究范围的拓宽，气象学的研究往往要涉及地球各圈层的相互作用以及大气化学、环境科学等方面，这时一个涵盖更广泛的名称——大气科学就应运而生，气象学与大气科学的名称同时并存，并有后者取代前者的趋势。当侧重于天气现象和天气预报等传统性的气象业务内容时，习惯上仍常用气象学。

[航空气象学]

研究气象条件与飞行活动和航空技术之间的关系，航空气象服务的方式和方法，航天飞行器在地球大气层中飞行时的气象等问题。属应用气象学范畴。气象条件对飞机的起飞、航行、降落等飞行活动有不同的影响，飞机的设计制造和气象条件也有密切关系。在实际工作中，航空气象的主要任务是保障飞行安全，提高航行效率，在不同的气象条件下，有效地运用航空技术。

发展简史 20世纪初航空活动兴起之后，航空气象学开始萌芽，早期的航空气象学主要着眼于地面风和对流层下部的气流对飞行的影响。当时的航线天气预报包括：雷暴、总云量（3千米以下）、地面风、高空风（3千米以下）和能见度。随着飞行高度的扩展，云、雾、雷暴、积冰、大气湍流、大气能见度等及其预报方法都成为航空气象学研究的内容。第二次世界大战后，雷达被用于强对流天气的探测，对保障飞行安全起到了重大作用。20世纪50年代以后出现了喷气式飞机和超声速运输机，随着飞机逐渐大型化，起飞着陆区和高空航线上气象条件的探测和预报也逐渐成为重要的航空气象问题。

航空气象服务始于20世纪20年代。1919年9月，国际气象组织（IMO）在巴黎召开的第四届理事会上，决定建立航空气象学应用委员会。1935年在华沙召开的第七届理事会上决定把它改名为国际航空气象学委员会（简称ICAeM）。1951年3月，世界气象组织又将国际航空气象学委员会改名为航空气象学委员会（简称CAeM）。随着飞机性能的提高，空中交通量的增大以及微电子技术的发展，航空气象服务的内容、方式和方法由早期的人工操作进入了当前自动化服务阶段。

中国于1920年成立航空署，设有气象科，办理航空气象有关事宜。1927年开始在机场设测候所。1939年中华民国航空委员会设立空军气象总台。1949年中华人民共和国建立以后，逐步建立了较完善的航空气象组织，激光技术、气象卫星、气象雷达、高性能电子计算机等先进的气象观测、探测和预报方法在航空气象学领域均有不同程度的应用。

研究内容 现代航空气象学包括航空气象学原理、航空气象探测、航空天气预报、航空气候和航空气象服务自动化等。对航空影响较大的气象要素有：能见度、云、雾、降水、烟、霾、风沙和浮尘等，直接影响飞行安全的不稳定天气包括：大气湍流、低空风切变、地形波、飞机积冰、雷暴等。

随着飞机性能的不断提高，自动飞行技术逐步实用化，出现了全天候飞行问题。全天候飞行系统仍然需要按照实际大气条件来调整系统的工作状态，在起飞和着陆时对气象数据的要求更高了。在未来的航空活动中，除了低能见度、斜视能见度、大气湍流、雷暴、高空气象条件的探测和预报仍需逐步解决之外，形成强烈扰动和危害飞行的中、小尺度天气系统的预报方法，高速处理、传输并显示大量气象情报的高功能自动化航空气象服务系统，人工影响或改变妨碍飞行的天气过程的理论和方法，都是航空气象需要进一步探索和解决的问题。

[农业气象学]

研究农业与气象之间相互关系及其规律的科学。农业科学的基础学科之一，气象学科中应用气象学的重要分支。农业气象学研究的目的在于围绕农业的发展与现代化，不断认识和解决生产中的气象问题，提出促进农业生产的最优气象条件和措施。

简史 远在3000多年前，人们已认识到春夏秋冬的季节变化及其农业意义。中国古代著作中早就有“春耕、夏耘、秋收、冬藏”和“不违农时”的论述，公元前2世纪已有二十四节气和七十二候的记载。在西方，公元前希腊人也已能根据气候变化确定一年中农事和航海时间，并有了两分两至（即春分、秋分，夏至、冬至）的记述。

作为一门学科，农业气象学是19世纪末在农业科学和气象科学发展的基础上逐步形成的。当时，一些科学家为使农作物获得高产和合理利用气候资源，曾应用气象学的成果来探讨作物生长与气象条件的关系，并根据光热水条件进行农业气候区划等。进入 20 世纪后，西欧、苏联、北美和日本等国家和地区相继建立了农业气象机构，开展各项农业气象服务和试验研究工作，并在农业气象指标鉴定、农业气候资源分析与区划、农业小气候改良、农业气象灾害防御、农业气象情报和农业气象预报服务方面取得较大进展。中国现代农业气象学的研究始于 20 世纪初叶。1922 年竺可桢的《气象与农业的关系》、1945 年涂长望的《农业气象之内容及其研究途径述要》中都提到了农业气象研究的作用与任务。50 年代以后，农业气象的研究、业务和教育机构逐步建立，农业气象观测、试验研究以及农业气象情报、预报和农业气候服务工作逐步开展，并培养了一批专业人才。70 年代以后，农业气象学开始向定量化方向发展，气象学观点被应用于探讨农业生产中的物质输送与能量转换问题。同时，农业污染的气象问题、农业气象灾害的预防、荒漠化评价和防治的农业气象问题以及高空生物学的气象问题等日益受到重视。随着系统分析、模式建立和各种模拟实验的进行，计算机技术和遥感技术的广泛应用，农业气象研究更趋精确，服务工作更加广泛有效。

气象条件与农业生产 农业生产对象所处的外界环境，垂直尺度并不大。就植物而言，其上部边界最高不过几十米，下部边界深入土壤只限几米。这一范围的环境条件与生物有机体相互联系相互制约，成为一个土壤－植物－大气系统。这个系统内的状态和有关机制决定了植物的生长发育和产量形成。动物的参与形成了新的系统。通过对这个新的系统的调节与控制，最终形成动物产量。在这个系统中，太阳辐射、温度、水分、空气等气象因子既作为农业环境条件之一，影响农业生产；又为生物有机体的生长发育提供所必需的物质和能量，并通过影响自然环境中的其他因子间接地作用于农业。气象因子的不同组合对农业生产产生不同的影响。只有当这些因子的组合处于最优状态时，才能使农业产品获得最高的经济产量。反之，任何一个因子的不足或过量都会对农业造成损害。“风调雨顺，五谷丰登；旱涝风冻，减产失收”，是中国古代对于气象与农业之间密切关系的概括。

	机制	过程	状态
空气	湍流输送 辐射输送 降水	辐射的吸收 热量、水汽、 二氧化碳的 吸收与交换	辐射体系 温度 湿度 风 二氧化碳浓度
作物	量子俘获量 扩散 转移 复制 霉的作用 激素的作用	生长发育 和形成产量	系统的大小与形状 组织的温度、 水分状况、色素、 酶、激素、代谢 等水平
土壤	热量 水分 气体 离子运动	水分、营养、 物质、微量 元素的摄取	温度 水量和水势 氧和二氧化碳 微生物数量和活动 营养物质含量等

土壤－植物－大气系统（农业气象系统）示意图

农业生产也反过来影响气象条件。人们的生产活动是形成农业小气候的重要因子之一。很多农业气象灾害往往通过采取一定的农业措施得以减轻或防止。人类大规模地改造自然的工作，如大规模的水利建设、开垦荒地、防护林带的营造等都会影响一定地区内的天气、气候状况。由农业技术措施造成的影响有时甚至可以大于邻近地区天气、气候的自然差别。

研究尺度　农业生产与气象条件的相互作用实际上是以多种尺度交错进行的。因而在农业气象的研究和服务中，也常根据不同的对象划分各种尺度，全球气候决定大的生物群落，即大尺度，相应的农业气象内容有农业气候带的形成与分布，农业类型、结构及其布局中的气象问题等；全球气候中所包含的地方气候决定植物群落和它的群丛以及它们的生长速度，即中尺度，相应的农业气象内容有作物种植制度和合理布局的气象问题、地区的农业气候区划等；群落中小区域群体所形成的小气候，即小尺度，相应的内容有农业小气候、农业设施和农业技术措施的气象效应等；植物器官（如茎、叶、花等）所贴近的气层可称为表面气候，即更小尺度，相应的内容有蒸发抑制剂的气象效应等；表面气候性质又影响植物体内（如组织）的温度、细胞间的二氧化碳浓度，这些可称为体内气候，即最小尺度，相应的内容有小麦冻害、水稻花器官受害、作物抗旱性等。

20 世纪 70 年代后，农业气象的研究与服务已涉及各个尺度，但主要还是在中小尺度内进行，并因研究对象和角度的不同而逐步形成各种分支学科。

研究内容与任务 按农业生产对象，可分为作物气象、畜牧气象、森林气象、渔业气象、蚕业气象、养蜂气象等。由于这些分支的建立与发展有先有后，与气象关系的密切程度也各有不同，在同一时期它们往往并不处在同一水平上。按农业气象学原理和应用的研究重点，还可分为农业气象学基本原理、农业气候、农业小气候、农业气象灾害、农业气象预报、农业气象观测试验等。

在具体实践中，农业气象研究工作大致有下列几方面：①鉴定农业生产的对象和过程对气象条件的要求及反应，以及它们对气象条件的反馈作用，从而提出农业生产中的气象问题及其对策。②农业气候资源与区划，农业气候生产潜力及农业气候相似理论研究，为发展农林牧副渔各业、改革种植制度、引进优良品种以及实施重大农业技术改革等提供气象学依据。其中，农业地形气候的研究对开发山区，发展多种经营，水土保持，保护和改善生态平衡尤其具有重要意义。③农业气象灾害规律及其防御措施的研究。主要是确定受害指标，探讨受害机制，分析灾害规律，发布灾害预报，研究防御措施的气象效应等。④农业气象预报和农业气象情报。包括农用天气预报、产量预报、农田土壤水分预报等。其中，在应用遥感技术和电子计算机网络的基础上，与观测资料传输相结合，进行数值模拟并逐步建立农业气象服务自动化体系，已成为农业气象为农业服务的主要形式之一。⑤农业小气候研究。包括农田、保护地、畜禽舍、贮藏库等气候，是农业生产对象实际所处的气候环境，其变化直接影响农业生产对象的生长发育及其产量。农业小气候的利用、调节和改造，是农业气象研究工作中的一项长期的重要任务。⑥农业气象观测仪器与试验研究方法的研究，以不断提高农业气象服务工作的质量和试验研究的水平。

[大气物理学]

研究大气中各种物理现象和过程及其演变规律的学科。大气科学的一个分支。主要研究大气中的声学、光学、电学和辐射过程、云和降水物理、大气边界层物理、平流层和中间层大气物理，既是大气科学基础理论的一部分，又和许多边缘学科，如农业气象学、大气环境科学等有密切的关系。

发展 大气物理学的许多内容，早就受到人们的关注。20世纪20年代，人们开始关注较小尺度大气动力学和热力学过程，其中包括大气底层的边界层结构的研究，因而形成大气湍流和大气边界层的研究方向。40年代大气中污染物的扩散受到关注，开始形成污染气象学的研究方向。由于工农业对人工降水的需求，并对云的微观和宏观有了较深入的了解，因而逐渐形成对云雾物理学的系统研究。有关大气中的光学、声学和电学现象的研究，早在气象学、物理学和无线电学中进行了一些研究，40年代开始的气象雷达观测，60年代气象卫星的发射，对大气光、声、电学，雷达气象学和卫星气象学的形成和发展起了极大的推动作用。

内容 大气物理学主要包括大气边界层物理学、云和降水物理学、雷达气象学、无线电气象学、大气声学、大气光学、大气辐射学、大气电学、平流层和中间层大气物理学。这些分支各有自己的特点：大气声学、大气光学、大气电学和无线电气象学，研究大气中声、光、电的现象和声波、电磁波在大气中传播的特性；雷达气象学研究用气象雷达探测大气的原理和方法，及其在天气分析预报、云和降水物理中的应用；大气辐射学研究辐射在地球大气系统内的传输转换过程和辐射平衡；云和降水物理学研究云和降水的形成、发展和消散的过程；大气边界层物理学研究受地面影响较大的大气低层的温度、湿度、风等要素的水平和铅直分布，大气湍流和扩散，水汽和热量传输等；平流层和中间层大气物理学研究对流层顶（高度在10千米左右）到80～90千米高度大气层中发生的物理过程。大气过程常是多因素综合作用的结果，故大气物理学诸方面常常相互联系，如大气电学同云和降水物理学都研究雷暴，既各有侧重，又紧密相关。

学科特点　大气物理学的研究不仅需要发展有关的理论，还需要系统精确的实验资料予以验证。一般气象台站网的观测内容远不能满足实际和理论工作的要求，因而设计和制造专用的仪器设备，组织精细的观测是很重要的。例如大气湍流的观测需要快速反应的温度、湿度和风的观测仪器，云雾物理的观测则需要使用飞机和特种雷达，气象卫星的星载仪器几乎全都属于大气遥感的设备。另一方面，大气物理过程和原理的研究又为许多观测仪器的研制提供了原理依据。

[大气光学]

研究光通过大气时的相互作用和由此产生的各种低层大气光象的一门学科。是大气物理学的一个分支。光与大气的相互作用可分两方面：①由于大气的影响使光的状态发生变化，包括光的传播方向、强度分布及偏振状态等的变化；②由于光的作用使大气的状态发生变化，如大气光吸收造成的大气增温、离解等。低层大气光象，主要由折射、散射、衍射等物理光学过程造成。

发展史　某些大气光象常常是天气现象的前兆，因此自古以来，大气光象就引起人们的注意。中国远在3000多年以前的殷墟甲骨文中，就有关于虹的记载；《诗经·鄘风·蝃蝀》里写到“朝隮于西，崇朝其雨”，意为早晨太阳东升时，如果西方出现了虹，到中午就要下雨了。关于晕、宝光环、海市蜃楼等大气光象，中国古代都有观测和解释。作为现代科学的大气光学的研究和发展，则和光学的研究进展有着密切的联系。19世纪末，英国科学家瑞利首先解释了天空的蓝色，建立了瑞利散射定律。20世纪初，德国科学家G.米从电磁理论出发，进一步解决了均匀球形粒子的散射问题，建立了米散射理论。这两个理论能够解释许多大气光象。60年代激光的出现，使光学大气遥感得到迅速的发展。以激光大气遥感为重点的光学大气遥感，已发展成为大气遥感的重要分支。卫星遥感对大气透明度的要求，吸收光谱法和激光光谱学的发展，也有力地促进了高分辨率大气吸收光谱的研究。

内容　大气光学包括：①基本规律的研究，如大气折射、大气散射等，它们是大气光学的基础，也是物理学的一部分。②大气光学特性的研究，如大气消光、大气吸收、大气能见度、大气浑浊度、大气透明度、天空亮度等。③大气光象的研究，包括朝晚霞、曙暮光、天空颜色等大气光象，虹、晕、华等云中光象，并研究它们的成因，以及它们与大气状态和天气过程之间的联系。

大气光学的理论和光波传播的规律，在大气辐射学、环境科学、天气预报、天文、航空、遥感等许多方面已得到广泛的应用。

[大气电学]

研究电离层以下大气中发生的各种电学现象及其生成和相互作用的物理过程的学科，是大气物理学的一个分支。

简史　18 世纪中叶，美国 B. 富兰克林第一次用风筝探明雷击的本质就是电，苏联 M.V. 罗蒙诺索夫和 G.V. 里赫曼用自制的测雷器探测到雷暴过境所引起的电火花。18 世纪末，发现了大气微弱的导电性，通过观测研究，又逐渐发现了大气电场、大气离子和地球维持有负电等一系列电学现象。自 20 世纪 20 ～ 30 年代起，逐步在云中起电、闪电物理学等方面进行了较系统的观测和研究。50 年代以后，大气电学的研究已和空间电学有机地结合起来，并且探讨了大气电作为日地关系的中间环节在整个地球大气演化和天气气候变化中的作用。

内容　大气电学主要由晴天电学和扰动天气电学两部分构成。

晴天电学　研究全球范围晴空地区发生的电学现象及其活动过程。主要是观测晴天大气电场、大气离子、大气电流、大气电导率等，弄清它们变化的规律和原因，研究全球大气电平衡。晴天电状态是大气正常的电状态，它们的变化同天气状况和人类活动的影响（如工业污染、核爆炸）有关，这种关系的探索和应用，是晴天电学的一个研究方向。

扰动天气电学 研究云雨等扰动天气，特别是伴随雷暴发生的电学现象及其活动过程，这种活动在大气电学中占有重要地位，它们是全球大气电平衡中的原动力，同云雾降水过程密切相关。扰动天气电学的内容主要包括：①云中起电。研究云中电荷的生成、分离和形成一定分布的过程。通过大量观测，已对各种云系中电结构有了一定了解，提出了一些起电理论，但都未臻完善。②雷电物理学。研究自然闪电和雷的物理特性、形成机制和发展规律，这是大气电学中研究得最多且最集中的课题，对闪电产生的高温、高压、高亮度、高功率、强辐射等效应的研究，同气体放电物理、等离子体物理、高速摄影、光谱学、电磁波辐射和传播、激震波以及声波等方面的研究密切相关。

全球电路 将地球看作一个携带电荷量 -5×10^5 库、具有漏电流 1800 安的球形电容器，该系统的时间常数约为 4 分钟。如果它没有能量补充的话，则地球上的负电荷将会迅速消失。地球始终维持明显的负电荷的事实，说明存在一个再生机制，这就是作为全球发电机的雷暴。全球电路揭示了晴天电学与扰动天气电学之间的联系，大气电流、尖端放电电流、降水电流、闪电电流等主要电流之间的收支关系。

应用 根据雷电的各种特征，尤其是电磁辐射特征，已提出各种雷电探测和定位的方法。从 20 世纪 60 年代以来，人工消除或诱发闪电的方法，已取得了一些结果。大气电学对电力、通信、建筑、航空和宇航等部门有重要作用，这些部门的发展，也促进了大气电学的研究。随着人类活动领域的扩大，大气电学的研究已愈来愈与空间电学密切结合在一起。

[大气化学]

研究大气组成和大气化学过程的学科。大气科学的一个分支。它涉及大气各成分的性质和变化，源和汇，化学循环，以及发生在大气中、大气同陆地或海洋之间的化学过程。研究的对象包括大气的化学组成、大气微量气体、气溶胶、大气放射性物质和降水化学等。研究的空间范围涉及对流层和平流层，即约 50 千米高度以下的整个大气层。研究地区范围包括全球、大区域和局部地区。

发展 大气化学的研究始于 100 多年前，但它的真正发展始于 20 世纪 30 年代对大气臭氧（O_3）的观测和对平流层光化学的理论研究。到了 40 年代，分子光谱学理论的发展，以及光学测量技术和光谱分析技术的发展，使人们逐步认识到大气是一个非常复杂的多相化学体系：既有简单分子，还有许多复杂的大分子，这个化学体系是不稳定的。大气中存在着十分复杂的物质循环过程，要进一步深入认识大气，就不能不对大气化学过程进行研究。在过去的 50 多年里，大气化学研究主要是围绕一些紧迫的环境问题在不同的学科领域里进行的。这包括对平流层臭氧耗减的研究，以及对人类活动产生的一些化合物的光化学反应的研究；由于空气污染的威胁而对污染化学、城市光化学烟雾、酸雨形成过程等的研究；由于 CO_2 增加引起的全球变暖而对 CO_2 等温室气体的研究。80 年代以后，国际大气科学界就开始酝酿制订全球大气化学研究计划，并且认识到大气化学研究的对象不仅包括大气中的微观化学过程，还应包括全球尺度的大气运动、大气与地表生物圈和海洋的相互作用，以及地球与其他星体和空间的相互作用。尽管大气化学在过去 50 年间有了很大发展，但它至今仍是一门不成熟的学科，尚未形成完整的系统的理论体系。

大气化学的研究方法是数值模拟、理论研究、实验室实验和现场观测相结合的方法。另一方面，大气是超级流体，大气化学过程与大气动力过程和大气的物理特性密切相关，因此大气化学研究要把地球大气作为一个整体来研究。

研究内容 ①大气的化学组成及地球大气的形成和演变。主要包括对流层和平流层大气中的主要成分和微量成分的组成、含量、起源和演化等问题。一些微量成分的含量很少，但它们在地球气候的形成、大气化学过程以及大气环境质量中的作用却是巨大的，它们是大气化学研究的主要对象。需要研究它们的浓度和空间分布，它们的自然循环过程和人类活动对它们的影响，以及这些成分变化引起的地球气候变化和全球尺度的环境变化。

②平流层化学。大气化学最早的研究课题，平流层臭氧层的观测和平流层光化学理论研究一直是大气化学的重要研究内容。20 世纪 60 年代以来，人类活动对臭氧层的影响引起了广泛关注，平流层化学得到空前发展。主要研究集中在平流层 O_3 含量的全球观测，平流层光化学理论，人类活动产生的氯氟碳化物（CFC_s）、甲烷（CH_4）及非甲烷烃（NMHC）的光化学反应理论以及有关反应速率常数的测定，太阳活动与平流层 O_3 光化学平衡的关系，以及 O_3 全球输送动力模式等。

③气溶胶化学。它在云雾降水过程、大气环境以及辐射气候中的极端重要性已引起高度重视。随着微量成分分析技术的发展和非均相化学理论的进步，气溶胶化学有了很大发展，已成为大气化学的一个重要分支。主要研究集中在气溶胶的化学组成、气溶胶的形成和转化机制、非均相化学反应过程、气溶胶的辐射特性及其在地球气候系统中的作用、气溶胶在云雾降水过程中的作用及其对酸雨形成的影响等。

④降水化学。主要包括降水的化学组成，云水、雨水采样方法及分析技术，酸雨形成机制，酸雨对生态系统的影响等。

[动力气象学]

应用物理学的基本定律，从理论上研究大气运动演变规律的学科。大气科学的一个分支。

空气是一种流体，如果说流体力学研究的是流体运动的一般规律，那么动力气象学研究的则是发生在旋转的地球上，并且密度随高度增加而递减的空气（称为旋转层结流体）运动的特殊规律。从这个意义上说，它又是流体力学的一个分支。

海水与空气同处在旋转的地球上，两者的运动规律极其相似，所以把研究大气运动和海洋运动的演变规律的学科统称为地球流体力学。

动力气象学通常包含大气热力学和大气动力学两大部分。前者重点研究大气运动的热力过程，后者重点研究大气运动的动力过程。由于热力过程和动力过程的相互依存和相互作用，所以大气运动的演变是一个复杂的非线性系统。

经典的动力气象学研究的主要对象以及所取得的重要成果，着重在中、高纬度的大气大尺度（水平范围在 1000 千米以上）运动方面。而近代的动力气象学在低纬度的大气大尺度运动、大气中小尺度（水平范围在几十千米到几百千米）运动、平流层大气运动和数值天气预报、非线性大气运动等方面都取得了重大的成果。随着全球变化研究的深入，动力气象学的研究对象已不局限于大气本身，而需要把发生在海洋和陆地中的过程统一起来考虑。

[大气热力学]

应用热力学的基本定律（核心是热力学第一定律和理想气体状态方程），从理论上研究发生在大气中各种热力过程的学科。是动力气象学的一个组成部分。

大气中的热力过程主要是影响大气运动的非绝热过程，它包括辐射、传导和相变三个部分。辐射是指太阳短波辐射、地面和大气的长波辐射对大气的非绝热作用。传导是指湍流热传导（包括对流）对大气的非绝热作用。相变是指通过水的相变过程（包括凝结、升华和蒸发等）对大气的非绝热作用。除上述三种非绝热过程之外，在高层大气还有化学和光化学效应对大气的非绝热作用。从能量的观点看，辐射和传导过程常引起空气温度 T 的变化，通常把 c_pT（c_p 为比定压热容）作为大气能量的一部分，称为感热或显热。而相变过程常引起空气比湿 q 的变化，通常把 Lq（L 为单位质量水的相变潜热）也作为大气能量的一部分，称为潜热。

大气的非绝热过程对大气的中期和长期天气演变和气候变化有着极为重要的作用。但对大气的短期天气演变，非绝热作用可以忽略，这就是大气的绝热过程。如果把大气视为由干洁的空气所组成，那么，这种绝热过程称为干绝热过程。在干绝热过程中，尽管温度要发生变化，但位温 θ（空气从气压 p 绝热地运动到标准气压 p_0=1000 百帕时所具有的温度）却是守恒的。实际大气是由潮湿的空气组成的。如果考虑饱和湿空气（其比湿为 q_s）释放的凝结潜热，此时仍可将过程视为是绝热的，这种过程称为湿绝热过程。在湿绝热过程中，尽管位温要发生变化，但相当位温 θ_e（$\theta_e=\theta e^{Lq_s/c_pT}$）却是守恒的。

[大气动力学]

应用流体力学的基本定律（核心是牛顿第二定律和质量守恒定律），从理论上研究发生在大气中各种动力过程的学科。它是动力气象学的一个组成部分。

大气中的动力过程主要是空气在运动时所受到的作用力的过程。大气中的作用力，主要有重力、压力梯度力、科里奥利力、黏性力等。重力是指旋转地球上的空气所受地心引力和离心力的合力。压力梯度力是指压力在空间的分布不均匀而作用于空气上的力。科里奥利力是指由于地球自转和相对于旋转地球空气有运动时所受到的一种惯性力(在北半球,它垂直于速度方向且指向其右方;在南半球,它垂直于速度方向且指向其左方）。黏性力是指速度在空间分布的不均匀，邻近空气的相对运动引起动量输送而作用于空气上的力，在大气中动量输送主要是湍流运动所引起的，所以，黏性力主要是湍流黏性力。在大气中除靠近地面的大气边界层以外（称为自由大气），一般不考虑黏性力对空气运动的作用。

大气运动的性质与一般非旋转流体（如地面上的水）运动的性质有极大的差别，其主要原因之一就在于空气随地球旋转要受到科里奥利力的作用。对于非旋转流体，它在压力梯度力的作用下从高压向低压运动（如地面上的水从高处往低处流），但对于空气而言，它还受到科里奥利力的作用，使得空气几乎在垂直于压力梯度力的方向上运动。

大气运动的性质与它的水平范围（称为水平尺度）有很大的关系。一般，小尺度（水平尺度为几十千米）运动不要考虑科里奥利力的作用；中尺度（水平尺度为几百千米）运动就要考虑科里奥利力的作用了；大尺度（水平尺度为几千千米）运动不仅要考虑科里奥利力的作用，还要考虑科里奥利参数 $f=2\Omega\sin\varphi$（Ω 为地球自转角速度，φ 为纬度）随纬度的变化（这种变化通常用罗斯比参数表示）。此外，在铅直方向，由于对流层的铅直尺度只有 10 千米左右，比大尺度运动的水平尺度小两个量级以上，在这种条件下，重力和铅直方向的压力梯度力接近平衡，这种平衡称为静力平衡，它表示，大气大尺度运动在铅直方向上的加速度非常之小，以致它在铅直方向上满足静力平衡。但对大气中、小尺度运动，静力平衡就不易满足了。水平尺度越小，越非静力平衡，铅直方向上的加速度越大。

基于上述分析，通常认为：大气小尺度运动的演变主要受层结在重力作用下形成的重力波所控制，中尺度运动的演变主要受科里奥利力和重力共同作用下形成的惯性重力波所控制，大尺度运动的演变主要受科里奥利参数 f 随纬度的变化（即罗斯比参数）作用下形成的罗斯比波（或大气长波）所控制。

描写大气运动和状态演变的方程组通常包括运动方程、连续性方程（即质量守恒定律）、状态方程（即理想气体状态方程）、热力学方程（即热力学第一定律）和水汽方程（即水汽守恒定律）。

[天气学]

研究大气中天气现象及其相关联的天气系统发生发展和变化规律以及天气预报方法的学科。大气科学的分支。

20世纪50年代以前的早期天气学，主要是研究怎样用地面和高空天气图对天气现象和天气系统进行分析从而进行天气预报。在此期间，从地面天气图上发现了气团、锋面和气旋、反气旋等天气系统，为1～2天的天气预报奠定了基础。从高空天气图上发现了大气长波和超长波、阻塞高压和切断低压，在动力气象学中又建立以位势涡度理论为基础的大气长波动力学，为3～5天的天气预报打下了基础。20世纪60年代以后，雷达和卫星加入气象观测，原来的地面和高空常规观测仪器又有了很大改进，并在陆地建立了大量观测站，在海洋和极地也建立了许多观测站，使天气学研究有丰富的和小时空间隔的实时观测资料，电子计算机的发展和动力气象学的相应发展，使天气学研究获得迅速发展。极地和热带的天气和天气系统研究扩大了早期以中高纬度为主的研究区域，发现了许多极地、热带和副热带天气系统以及许多空间尺度在100千米和10千米的中小尺度天气系统，如云团和热带气旋、龙卷和对流单体的结构。于是建立了近代天气学，出现了许多天气学分支。在观测工具的应用研究中建立了雷达气象学以及卫星气象学。对不同尺度天气系统的研究建立了大尺度、中尺度和小尺度天气学。在不同地区天气系统的研究中，建立了极地天气学、热带天气学和海洋天气学。天气学分析也从以单站分析和二维平面图分析为基础的早期天气学分析工具进展到现代的以电子计算机为工具的四维（三维空间和时间演变）天气学分析，并且应用了四维雷达分析和气象卫星观测到的水汽、云、降水、风、温度等各种物理量的分析。在天气预报方法方面，也由早期定性的和预报员经验占重要依据的预报方法进展到目前的气象资料自动收集和分析，并由电子计算机自动完成的数值天气预报和预报员经验相结合的预报方法。

[气候学]

研究气候状态、形成原因和演变规律及其与人类活动相互关系的学科。

大气科学的分支，传统上又是地理学的组成部分。随着社会生产的发展和人类文明的进步，气候与人类社会的关系越来越密切，使气候和气候学的内涵在不断地拓宽和深入。为了合理地开发和利用气候资源，减轻气候灾害的影响，避免人类活动对环境造成的不良后果，改善人类生存环境的质量，实现经济和社会的可持续发展，都需要了解有关地区的气候特征及其演变规律。气候学的研究成果及其应用，正日益受到各方面的重视。

发展史 气候学成为一门科学是有了气象仪器观测以后的事。但是，有关气候现象的记载和气候知识的积累却可追溯到3000年前，其发展过程可以分为萌芽、形成、发展和活跃4个时期。

萌芽时期 公元前16世纪以前。中国在殷代就已知一年四季和某些农事季节的划分。到春秋时代，更创造了利用圭表测日影以定气候季节的方法。秦汉时期，二十四节气已成为农事活动的主要依据。《逸周书・时训解》系统地记载了反映气候年变化规律的七十二候的自然物候历。《吕氏春秋・十二纪》更对12个月的气候特点及其异常现象作了概括的记述。

古希腊学者发现，气候的冷暖与太阳光线的倾斜程度有关。公元前5世纪，

节气	日/月	黄经	含义	节气	日/月	黄经	含义
立春	4或5/2	315°	春季开始	立秋	8或7/8	135°	秋季开始
雨水	19或20/2	330°	开始降雨	处暑	23或24/8	150°	炎热季节即将过去
惊蛰	5或6/3	345°	蛰伏动物复苏	白露	7或8/9	165°	雨多而重
春分	20或21/3	0°	昼夜等长	秋分	23或24/9	180°	昼夜等长
清明	5或6/4	15°	景象清澈明洁	寒露	8或9/10	195°	雨重而寒
谷雨	20或21/4	30°	谷得雨而生	霜降	23或24/10	210°	开始下霜
立夏	5或6/5	45°	夏季开始	立冬	7或8/11	225°	冬季开始
小满	21或22/5	60°	夏熟作物籽粒满浆	小雪	22或23/11	240°	开始下雪
芒种	6或7/6	75°	夏熟作物成熟	大雪	7或8/12	255°	开始积雪
夏至	21或22/6	90°	昼暑长夜最短	冬至	22或23/12	270°	昼最短夜最长
小暑	7或8/7	105°	进入暑热季节	小寒	5或6/1	285°	进入寒冷季节
大暑	23或24/7	120°	一年中最炎热季节	大寒	20或21/1	300°	一年中最冷的季节

二十四节气表

根据太阳高度角，他们将地球气候划分为5带：北寒带、北温带、热带、南温带和南寒带。随着人类活动范围的扩大，古代学者还进一步认识到，气候除与纬度密切有关外，还与地势高低、海陆分布和气流方向等许多因素有关。

古埃及、巴比伦和印度等地在这个时期也有许多关于气候的记载。

形成时期 16～19世纪。这个时期，随着气象观测仪器的出现和气象观测网的建立，地面气象观测资料大量积累，为气候学的形成准备了条件。1817年，德国的A.von洪堡首先绘制了全球等温线图，成为近代气候学研究的开端。1883年奥地利的J.F.von汉恩编著了《气候学手册》一书，不仅为研究全球气候提供了宝贵的资料，更重要的是提出了较完整的研究气候学的方法体系。1884年俄国的A.I.沃耶伊科夫发表了《全球气候及俄国气候》一书，分析了太阳辐射、水分循环、下垫面等对气候的作用。同年，德国的W.柯本对世界气候进行了分类。这些成果奠定了气候学的基础。这一时期，虽然也提出一些对气候形成的看法，但主要是分析研究地面气候要素的地区分布及其分类，所以气候学的研究仍然处于描述性阶段。

发展时期 20世纪初，随着气团概念、气旋模式和锋面理论的出现，天气图资料的积累，人们进一步研究气候的成因。特别是瑞典T.H.P.伯杰龙提出的天气气候学影响很大，促进了气候成因的理论研究，如研究太阳辐射、海陆分布、气流及下垫面对气候的影响等。这个时期气候学在各方面的应用也开始受到重视。到20世纪中叶，由于高空探测站网的发展，气候研究的范畴延伸到包括高空和地面的所有大气的长期统计量。此时，对气候的解释不仅限于局地的热量和水分收支，也包括大气内部的能量、水汽和动量输送作用，把大气环流看作形成气候的基本因素之一。对气候成因的理论研究取得了重大进步。这个时期，为了适应社会经济发展，合理利用气候资源，还开展了内容广泛的应用气候学的研究，如农业、工业和医疗等专业气候研究。这些研究又推动了地方气候及小气候研究。

活跃时期 20世纪70年代以后。随着现代科学技术的飞速发展，特别是气象卫星等遥感技术、电子计算机和信息技术的广泛应用，气候学研究有了极大的扩展和深入。70 年代，经济活动日益全球化，因世界上出现了大范围灾害性气候异常，地球气候环境与社会发展的关系问题为世界所瞩目。1974 年，在世界气象组织与国际科学联盟理事会会议上，明确提出了气候系统的概念。气候学的研究领域扩展到由地球的大气圈、水圈、岩石圈、冰雪圈和生物圈组成的气候系统。因此，气候学不仅要研究大气问题，更要研究大气、海洋、陆地、冰雪和生物等各部分之间的相互作用问题；不仅要研究气候系统的物理状态问题，还要研究有关的生物、化学以及人类活动问题；不仅要对观测到的气候变化进行描述和解释，还要对气候的影响和可预测性进行评估。气候学进入了一个新的发展阶段，正在从大气科学的一个分支向着综合性的气候系统的学科发展。1979 年世界气候大会提出了世界气候计划，在气候监测和研究方面建立全球范围的多学科的国际协作。正在建立和发展的全球气候观测系统、全球海洋观测系统和全球陆地观测系统，为气候监测和气候学研究提供了大量前所未有的资料。这个时期，气候学在诊断

气象卫星探测大地示意图

分析、数值模拟和动力理论等方面都取得了许多重大成果，其中最活跃的领域是气候变化和气候预测。

在气候变化研究方面，中国竺可桢发表了《中国近五千年来气候变迁的初步研究》（1972），是利用历史记载研究气候变化的经典。20 世纪 80 年代末，对气候变化的研究，已成为社会经济与环境协调持续发展相关的重大科学研究课题。由政府间气候变化专门委员会组织世界各国的科学家，对现代全球气候变化的事实和原因以及未来变化的趋势，开始进行系统的科学研究。认识到现代地球气候正经历一次以全球平均变暖为主要特征的显著变化，这主要是由于人类活动，特别是自工业革命以来大量使用矿物燃料，向大气中排放的二氧化碳等温室气体迅速增加，自然植被遭到严重破坏等，影响了地球的辐射平衡。但对这种全球变化的区域特征，还存在许多不确定性，有待进一步探讨。

气候预测研究和试验广泛开展，对季节到年际时间尺度气候异常的预测研究发展尤为迅速。如对厄尔尼诺和南方涛动（ENSO）的研究和预测，取得许多重要成果。1985 ～ 1994 年进行的热带海洋和全球大气研究计划，建立了热带太平洋区域经常性的海洋监测系统，进行了大量的诊断研究和数值模拟试验，对 ENSO 循环中的海－气相互作用过程得到进一步的认识。建立了复杂程度不同的预报 ENSO 的海气耦合模式，一些预测结果令人鼓舞。此后，世界各主要预报中心纷纷建立以海洋－大气－陆面耦合模式为核心的季节到年际时间尺度的短期气候预测系统，制作试验预报。

此外，对其他各种不同空间尺度的气候变率及其成因的研究，也取得了许多进展。主要内容主要包括以下几个方面。

气候学概论 包括气候学一般原理，气候特征的时间和空间分布、演变及其分类等。人们常以气候要素的空间和时间分布图、气候要素的综合关系图和各种气候统计图等记述某地点、某区域或全球范围的基本气候特征，如中国年太阳总辐射量图、中国年平均气温图、中国年降水量图等。由于太阳辐射、大气环流和下垫面的特征不同，各地的气候特征差别很大，分布有显著的地域性。某个地方的气候志是对这个地方多年气象资料整理和分析概括出的基本气候状况的资料。

气候监测 主要研究气候监测的范围和内容、监测项目设置、信息搜集及处理、监测系统构成和管理、产品和服务等。目的是通过监测系统准确地了解气候系统各部分的现状和变化，特别关注气候异常的征兆和重大气候灾害，提供及时的信息和诊断分析服务，并为气候环境研究和预测搜集资料。

气候变化 主要研究气候在各个时期的变化特征、演变规律和原因。见气候变化。

气候预测 主要研究气候演变规律和可预测性，确定预测内容，设计预测方法，建立预报系统和验证方法。

物理气候学与动力气候学 把地球气候看作是一个物理系统，主要以动力学和热力学的理论和方法研究气候形成和变化的规律。当今，气候的概念已扩展到气候系统，除了物理过程之外，还包括化学和生物过程。主要内容包括：辐射平衡、热量平衡、能量平衡、动量循环、水分循环、碳循环以及人类活动与气候演变的关系。气候诊断分析和气候模拟是研究物理动力气候学的重要方法。

天气气候学 研究多年间大气环流的一般状态及其变动的规律性。如环流的分型及其出现的频率，天气系统的频率、强度和路径，大范围气候异常与大气环流的关系等问题。

应用气候学 工农业生产、交通、通信、能源、军事以至人类的一切生活活动，都和气候环境有密切的关系。为研究它们同气候的相互关系，将气候知识广泛应用于各个方面，属于应用气候学的大量的边缘学科，如城市气候、建筑气候、军事气候、农业气候、森林气候、海洋气候、医疗气候和旅游气候等逐渐形成。其主要研究内容为：气候资源的利用，气候灾害的防御，气候环境的分析、评定和区划，以及各有关专业相应的气候问题。

小气候 主要研究小尺度地形、地貌、植被及人类活动等对小范围气候的影响，分析小气候的分布规律。

古气候 史前时期的气候，其主要特征可由地质学和古生物化石遗迹等推算。

此外，还可按大气的分层分为近地层气候学、平流层气候学和空间气候学等。

无论是从理论还是从方法看，气候学和数学、物理学、化学、天文学、地学等基本学科以及大气科学各分支都有密切的关系。气候监测更需要应用各种技术科学。所以，气候学是同其他多种学科广泛联系的一门学科。

[物候学]

研究自然界生物的生物学周期现象和气候的季节性变化之间相互关系的学科。气象学和生物学之间的边缘学科。生物和农作物同在大自然中生长，有的还有一定的亲缘关系，这对研究物候为农业生产服务有特殊意义。如华北地区用“枣芽发，种棉花”指导农时耕作，既准确，又方便。

竺可桢

中国最早的物候记载，见于公元前 1000 年前的《诗经·豳风·七月》。后来，《夏小正》《吕氏春秋·十二纪》《淮南子·时则训》和《礼记·月令》等已按月记载物候。而《逸周书·时训解》更把全年分为七十二候成为完整的全年的物候历。中国现代物候学的奠基者是竺可桢，他在 1934 年第一次组织了物候观测网，这是中国现代物候观测的开端。1962 年他又领导组建了全国规模的物候观测网，进行系统的物候学研究。他著有专著《物候学》。

物候学的研究内容主要有：①研究生态环境（主要是气象条件）对各种生物生长发育的影响。这是物候学的基础，又称物候生态学。②研究物候现象的顺序性。因为没有特殊情况，一个地区各种物候每年出现的时间虽可不同，但先后顺序不会改变。例如北京地区部分物候现象的顺序是：北海冰融，山桃始花，杏树始花，紫丁香始花，柳絮飞，洋槐盛花，布谷鸟初鸣等。这也是建立自然历即物候历的基础。③研究物候现象的空间分布规律性，即物候地理学。如著名的霍普金斯定律说，在北美温带地区，每向北 1 个纬度，或向东 5 个经度，或海拔升高 400 英尺（约合 122 米），春季和初夏的植物物候期推迟 4 天。中国东部平原地区也有类似规律，如纬度每向北 1°，垂柳、榆树、毛桃、紫荆的始花期延迟 2 ~ 3 天。④编制自然历，再参照天气预报，可以用物候预告农时等为农业生产服务。由于物候现象的顺序性规律，1 ~ 2 个月内的预报准确性还是比较高的。

物候预报和物候学研究，需要符合条件的物候观测资料。要求建立相应的物候观测网，观测地点要有代表性。为了比较大范围地区内气候和物候的差异，需要共同选定观测的目标物（动植物、农作物和水文气象现象），植物物候观测还要求固定植株。为了避免观测人员的主观性，观测人员也要固定，不能轮流值班。观测人员应严格遵守《中国物候观测方法》规范。

[年轮气候学]

研究树木年轮宽度与气象条件关系，从而用来推断历史上气候变化的学科。是当今研究历史气候变化的重要方法之一。

树木年轮宽度与气候条件是密切相关的：在高温、多雨、高湿条件下年轮就宽；反之则窄。但在具体选取树木年轮样本时，要选择树木生长条件最受气候条件影响的树木。例如，在高山、高纬等热量条件不足地区，年轮宽度对温度反应最为灵敏；在半干旱地区或森林向草原过渡的林缘地区树木，则对降水量反应最为灵敏。此外还要采取多个样本，以保证年轮宽度变化的共同趋势。再有，树木年轮宽度读数还需要进行生长量订正，因为树木在不同年龄阶段生长速度不同会引起年轮宽度差异。

年轮气候学最早开展于 20 世纪初，30 年代美国已成立专门实验室。中国在

70年代后半期开始树木年轮气候学的研究，取得了北方地区长达数百年的气温和降水量序列。近年来，年轮气候学研究还发展到测定年轮木质的密度。这样一来，通过年轮法不仅可以了解气候的年际变化，还可以了解气候的季节变化。而且，在一些气候特殊地区，例如特别暖湿气候条件下，年轮宽度的逐年变化不大，但密度差异仍较为显著。

年轮气候学方法的缺点是，无法完全剔除气候以外的其他生长限制因子的影响，如土壤、植被等。

第四章 大气污染与防治

[大气污染]

大气环境质量恶化，导致对人体健康、生态系统或材料产生不良影响和负面效应的现象。进入大气中的污染物质会发生传输、转化、积累、沉降等物理的、化学的和生物的复杂过程，引起一系列局地的、区域的，甚至全球的环境影响与变化。

大气污染的形成，除污染物的排放以及随后在大气中的化学转化因素外，与大气物理因素如辐射、气象（如风速、风向、大气稳定度）等密切相关。在不同气象条件下，大气污染物扩散、稀释的速度不同，对大气污染物的迁移转化有决定性的作用。如在静风、出现逆温层（稳定大气条件）时，污染物很难扩散，很易形成大气污染。

按大气污染物的化学特征分，主要面临的大气污染包括：①二氧化硫和酸沉降。主要由煤炭燃烧排出的二氧化硫、颗粒物等污染物以及随后发生化学反应而生成的如硫酸和硫酸盐等物，在城市逆温和湿度大的条件下，造成严重的健康危害，如伦敦烟雾事件。这些物质液可能通过在云中形成凝结核和云下冲刷的方式（湿沉降）进入降水，或通过与地球表面直接接触的方式（干沉降）造成酸沉降。②城市和区域光化学烟雾。氮氧化物、一氧化碳和碳氢化物等在日光下发生光化学反应，产生臭氧、过氧乙酰硝酸酯（PAN）及一些过氧化物和细颗粒等，在大气中形成淡蓝色的氧化性极强的污染气团。光化学烟雾最早在美国洛杉矶发现，现在世界许多城市和区域都有发生。③颗粒物污染。大气颗粒物是危害严重的污染物。可吸入颗粒是中国许多城市大气中的首要污染物。颗粒物不仅影响大气能见度，而且通过影响辐射阻挡太阳光进入地表。颗粒物进入人体会对健康造成很大的影响。④复合污染。多种来源的污染物在大气中相互作用，造成复杂的大气污染现象。燃煤、石油燃烧或化工以及风沙扬尘等释放或转运的污染物如二氧化硫、颗粒物以及化学反应生成的臭氧等同时以很高的浓度在大气中存在，它们的形成和转化相互交错，引起的环境效应相互协同或拮抗，构成独特的复合污染。⑤特殊大气污染。由某种特殊原因或特殊的污染物所引起的大气污染。如墨西哥波查里加工厂泄漏硫化氢、日本富山化工厂泄漏氯气、印度博帕尔农药厂泄漏异氰酸甲酯等事件。

火力发电厂排出的黑烟严重污染大气

[大气污染防治]

以大气质量标准和大气污染物排放标准为依据，采取工程措施，对各种大气污染源和污染物实施防治以改善大气质量。大气污染是由多种污染源造成的，并受地形、气象、绿化面积、能源结构、工业结构、工业布局、交通管理、人口密度等多种自然因素和社会因素的影响。仅靠单项治理措施解决不了复杂的大气污染问题。实践证明，只有统一规划并综合运用各种防治措施，才能经济有效地控制大气污染。

减少或防止污染物的产生　主要措施：①改变能源结构，采用清洁能源（如天然气、沼气等）和可再生能源（如太阳能、风能和生物质能）；②对燃料进行前处理（如燃料脱硫、洗煤、煤的汽化和液化），以减少燃烧时大气污染物的生成；③改进燃烧技术和装置、运转条件，以提高燃烧效率和降低大气污染物的排放；④实施清洁生产，节约原材料与能源，尽可能不用有毒原材料，并在全部排出物和废物离开生产过程以前就减少它们的数量和毒性；⑤节约能源和开发资源综合利用；⑥加强企业管理，减少无组织排放和事故排放；⑦改善土地利用方式，减少地面扬尘。

控制污染物的排放　采取抑制污染物产生的各项措施后，仍会有一些污染物生成。需要设计安装必要的净化装置，使污染物的排放浓度和排放总量达到国家或地方标准。主要方法有：①利用各种除尘器去除烟尘和各种工业粉尘；②采用物理、化学、物理化学、生物等各种方法回收利用废气中的有用物质，或使有害气体无害化。

利用环境的自净能力　大气环境的自净能力包括物理、化学和生物过程。在排出的污染物总量恒定的情况下，环境空气中污染物浓度在时间和空间上的分布与气象条件有关，认识和掌握气象变化规律，充分利用大气稀释与自净能力，可以降低大气中污染物的浓度或持续时间，避免或减少大气污染危害。如以不同地区、不同高度的大气层的空气动力学和热力学的变化规律为依据，可以合理地确定不同地区的烟囱高度，使经烟囱排放的大气污染物能在大气中迅速扩散稀释。

防治大气污染的其他措施　植物具有美化环境、调节气候、截留粉尘、吸收大气中有害气体等功能，可在大面积范围内长时间连续地净化大气。在城市和工业区有计划、有选择地扩大绿地面积，对大气污染综合防治具有长效能和多功能的作用。培育抗污染、适应气候变化后生态特点的新植物品种也是防治大气污染的措施之一。

[大气污染防治法]

国家为防治大气污染、保护和改善生活环境和生态环境、保障人体健康，促进经济和社会的可持续发展而制定的法律规范的总称。

早在工业革命以前，英国就于 1306 年颁布了关于禁止在议会开会期间使用燃煤取暖的法令，主要目的是减少议会开会期间煤烟等大气污染物的排放，保护议员的健康。工业革命以后，因工业生产大量使用燃煤而造成了局部的大气污染，导致一些地区公民的健康受到损害。为此，一些国家通过工业生产等经济立法，确立了防治大气污染的法律规范。如 1863 年英国制定了《碱业法》，1864 年美国制定了《煤烟法》。第二次世界大战以后，伴随经济的迅速增长，因大气污染导致的健康、财产损害日益加剧，一些国家开始制定综合性的大气污染防治法律，如日本 1968 年的《大气污染防止法》、美国 1970 年的《大气净化法》等。20 世纪 70 年代后，国际社会还签订了一些保护大气环境的公约，如 1985 年的《保护臭氧层维也纳公约》、1979 年的《远距离越境大气污染公约》、1992 年的《联合国气候变化框架公约》等。

中国于 1987 年发布了《中华人民共和国大气污染防治法》（后于 1995、2000、2015 年 3 次修订），其主要内容包括：①确立了大气污染防治的行政管理体制，明确了各级人民政府在大气污染防治方面的主要职责，以及各行政主管部门在大气污染防治方面的职权范围与分工；②确立了实行大气环境标准制度以及大气环境质量标准、大气污染物排放标准的制定权限；③确立了大气污染防治的监督管理制度与措施，即执行环境污染防治的基本法律制度，针对大气污染物及其产生设施实行控制和大气污染总量控制制度，防治燃煤产生的大气污染以及防治废气、粉尘和恶臭等污染；④确立了大气污染防治法的法律责任，即行为违法所应当承担的行政责任、造成大气污染危害的民事责任以及构成重大大气污染事故犯罪所应当追究的刑事责任。

[大气污染监测]

按照国家或地方关于大气污染防治和保护大气环境质量的各种环境标准，对污染源排放情况和环境状况进行定性、定量的测定，并为科研、决策、立法、处理污染事故和环境监督管理提供依据。大气污染监测的常规项目主要包括气象参数和总悬浮颗粒物（TSP）、降尘、一氧化碳、二氧化硫、碳氢化物、氮氧化物、臭氧等。

污染物排入大气后，受排放方式、污染物性质、气象条件、地形条件等诸多因素的影响，其时空分布复杂多变。进行大气污染监测，需要了解大气污染物排放的类型、大小和分布，污染物的排放规律和性质，影响污染物迁移、扩散的环境条件（地形、地物等）及气象因素（风向、风速、大气湍流等），根据预定的目的正确选择监测点。大气污染物的采样方法有直接采样法和富集采样法等。

大气中常见污染物的成分复杂，测定方法也各异。①含硫化合物的测定：二氧化硫的测定用分光光度法、紫外荧光法，硫酸盐化速率的测定用碱片法，硫化氢的测定用亚甲基蓝分光光度法。②无机含氮化合物的测定：氧化氮用盐酸萘乙二胺分光光度法和化学发光法，氨的测定用纳氏试剂分光光度法或次氯酸钠－水杨酸分光光度法，光化学氧化剂和臭氧的分析方法有硼酸碘化钾分光光度法、化学发光法、紫外光度法。③无机含卤素化合物的测定：氟化物的测定用滤膜法或石灰滤纸法，氯的测定用甲基橙分光光度法，氯化氢的测定常用硫氰酸汞比色法和离子色谱法。④含碳化合物的测定：一氧化碳的测定有非分散红外吸收法、气相色谱法、定电位电解法、汞置换法，总烃及非甲烷烃的测定主要是气相色谱法。⑤颗粒物的测定：总悬浮颗粒物（TSP）、可吸入颗粒物（IP）、灰尘自然沉降量的测定均采用重量法。

大气污染监测还包括大气降水的监测，监测项目有电导率、pH 值、钾离子、钙离子、镁离子、铵离子、硫酸根离子、亚硝酸根离子、硝酸根离子、氯离子等。电导率的测定用铂黑或铂电极，pH 值的测定用电极法，硫酸根离子、亚硝酸根离子、硝酸根离子、氯离子的测定用离子色谱法，钾离子的测定用原子吸收分光光度法，钙离子、镁离子的测定用原子吸收法。

[可吸入颗粒物]

能进入人体的呼吸系统，动力学直径在 10 微米以下的颗粒物。

美国环保局 1978 年引用密勒等人所定的可进入呼吸道的粒径范围，把动力学直径 $D_p \leqslant 15$ 微米的颗粒物称为可吸入颗粒物。随着研究工作的深入，国际标准化组织（ISO）建议将可吸入颗粒物定义为粒径 $D_p \leqslant 10$ 微米的颗粒物。此标准已为日本和中国接受。因此，可吸入颗粒物一般指粒径 $D_p \leqslant 10$ 微米颗粒物（PM_{10}）的质量浓度。可吸入颗粒物是中国城市大气污染控制的关键污染物。

[空气污染指数]

综合表示空气污染程度或空气质量等级的无量纲的相对数值。又称空气质量指数。各种污染物在空气中的浓度不同，其危害的程度也有很大差异。因此，找出一种能统一体现它们这种特性，而又能定量地表示其影响大小的量值，用作评定空气质量的优劣，这就是污染指数提出的出发点。

20世纪60年代中期，有科学家提出了空气质量指数的概念和实际应用的方法，并迅速得到广泛采用。空气污染指数的应用与研究还在不断完善与发展中，其计算公式、运作方法、等级划分和评定空气质量的最终处理（取分指数平均值或最高值）虽然不同，但基本思想都是采用无量纲数值来表示污染指数。

北京市从1999年3月起，由空气质量周报改为空气质量日报，每日公布空气污染指数（API）及空气质量等级。选取二氧化硫、氮氧化物、臭氧、一氧化碳和可吸入颗粒物5种污染物为参数，利用污染物浓度与对应的API指数间的线性函数关系，通过内插求得其API指数。实际工作中可利用已经绘制好的污染物浓度与API指数的关系曲线图，直接查得相应的API指数。在求得不同污染物的API值后，取这5种污染物API指数的最大值，作为空气质量的API指数。根据API值的大小，把空气质量划分为5个级别。API为1～50时，空气质量为一级，属优；API为51～100时，空气质量为二级，属良好；API为101～200时，空气质量为三级，属轻度污染；API为201～300时，空气质量为四级，属中度污染；API为301以上时，空气质量为五级，属重度污染。

[空气质量]

大气环境对人类适宜的程度。影响空气质量的因素很多，如空气中污染物的浓度和存留的时间、污染源的排放强度、气象条件等，但主要决定于空气中污染物的种类和数量，即空气受污染的程度。衡量空气质量优劣的科学依据是空气质量基准与空气质量标准。

空气质量基准　空气中污染物对特定对象（人或其他生物）不产生有害或不良影响的最大剂量（无作用剂量）或浓度。它是制定空气质量标准的科学依据，是根据人类对空气质量在美学的、医学的、生物的和物质的多方面要求，并通过实践研究、综合分析而确定的。

空气质量标准 国家为保护人群健康和生存环境，并考虑社会、经济、技术等因素，经过综合分析后，对空气中污染物的最大容许浓度所作的规定。它是衡量空气受污染程度的法定尺度。现今世界各国都制定了适合本国的大气环境质量标准，作为监测、评价和预测空气质量的依据。

[颗粒物]

大气中的固体或液体颗粒状物质。是大气中与气态污染物同时存在的污染物。有接近球形的液体微粒，有片状、柱状、针状、雪花状等的晶体微粒，也有形状各异的固体微粒。

颗粒物的大小是颗粒物的重要性质。对一个非球形的颗粒物粒子，如果它在气流中的运动性质和一个均匀的球形粒子完全相同，那么这个球形粒子的直径就是所研究的非球形粒子的动力学直径。动力学直径在 100 微米以下的颗粒物可以在大气中稳定存在，称为总悬浮颗粒（TSP）。如果粒径超过 100 微米，颗粒物就会因重力而很容易从大气中沉降去除。

颗粒物的化学组成十分复杂且变动很大。大致可分为有机组分和无机组分两类，也可分为水溶性组分和水不溶性组分。颗粒物中的有机组分在颗粒物重量中可能超过 50%，包括烃类、多环芳烃、醇、酸、酯等。无机组分包括元素碳、金属元素、金属氧化物以及来源于地壳的一些组分，其中水溶性的组分主要是硫酸根、硝酸根等阴离子和 Ca^{2+}、Mg^{2+}、NH^{4+} 等阳离子。

颗粒物在环境中有多方面的效应。粒径在 0.1 ～ 1 微米的颗粒物，对可见光有很强的散射作用，是造成大气能见度下降的主要原因。此外，越是细小的颗粒物越能进入人体呼吸系统的深处，细颗粒携带大量的有害物质，可能对人体造成严重的健康影响。颗粒物的来源十分多样。直接来自各种污染源（工业、机动车、生物质燃烧等）排放的颗粒物称一次颗粒物；由直接排放的污染物经过大气化学过程转化生成的颗粒物称二次颗粒物。一次颗粒物和二次颗粒物的相对重要性因时间、地点的不同而有很大差异。

[冷岛]

城区由于大气污染，形成浓厚的烟雾层，使得到达地面的净辐射通量减少，从而使地面的加热相对于大气洁净的乡村地面少，减少的净辐射通量加热了污染大气上部，使高层大气升温，造成污染大气层结为逆温层结或中性层结。

此时城区大气相对于乡村的洁净大气而言，地面附近温度低，较高层大气温度高，这种作用与热岛相反，故又称反热岛效应或阳伞效应。冷岛效应多发生在冬季煤烟型污染的大中城市。

[全球变暖]

地球表面平均温度和地表平均气温的升高。全球变暖是就地球环境总体而言的，并不是说全球任何区域都会变暖或每个季节都会变暖。在全球变暖过程中，有些地区的增温幅度可能大些，有些地区可能小些，有些地区可能不变甚至降温。增温还有季节特征，一般而言，冬季增温高，夏季增温低；增温也有区域特征，北方增温大，南方增温小。

全球变暖由两种辐射能的失衡造成，这种失衡是人类干扰的结果。到达大气的太阳辐射约为 1377 瓦 / 米^2，但由于地球表面只有很小一部分直接面向太阳，且总有 1/2 的时间（夜晚）背向太阳，因此到达大气外界每平方米面积的能量仅为 343 瓦。当辐射通过大气时，大约 6% 被大气分子散射返回空间，还有约 10%

由陆地和海洋表面反射到空间，剩下的84％保留下来用来加热地表。为平衡这些入射辐射，地球本身必须以热辐射的形式向太空发射同样的能量。地表发射的辐射量取决于它的温度。理论上，地表温度为-6℃即可平衡上述辐射量，但实际上，整个地球表层（海表和陆表）平均温度为15℃。这是因为大气的组成主要是氮气和氧气，它们既不吸收也不发射热辐射，而在大气中占很小比例的水汽、二氧化碳和其他一些微量气体却具有吸收地表发射的热辐射的能力，对这种热辐射起一部分遮挡作用，从而弥补上述21℃温差。这个遮挡被称为自然温室效应，具有这种功能的气体被称作温室气体。

温室气体中最重要的是水汽，但它在大气中的含量不直接随人类活动而变化，直接受人类活动影响的主要温室气体是二氧化碳等。要了解未来的气候，除需要了解温室气体的起源、在大气中的含量及作用外，还需要了解过去的气候及其自然振动，以便为通过气候的计算机模式预测将来的气候变化提供背景知识。

为预报未来气候的变暖，首先需要有关温室气体未来变化的估计，以得到全球平均温度的预报。假设对二氧化碳的排放不加任何强有力的控制，从现在到21世纪末，全球温度上升的最佳估计值是2.5℃，或大约每10年升高0.25℃的上升率。与冰期和冰期间温暖时段之间发生的5℃或6℃的全球平均温差相比，2.5℃大约相当于半个冰期的温度变化值。

大约到2030年，当大气中的二氧化碳含量达到工业化前的2倍时，温度增高的最佳估计值比现在增高1℃，比在稳定条件下二氧化碳加倍量所预期的2.5℃要小。这是由于受到海洋对温度上升的减慢作用的影响。但这意味着在照常排放的构想下，到2030年，很可能出现比工业化前时代升高2.5℃的状况。

预报的全球平均温度的变化率为每10年0.15～0.35℃，其最佳估计值是每10年0.25℃，这比从古代气候资料判断得出的过去几千年的变化率要大得多。生态系统适应气候变化的能力严格地决定于变化的速率，而对很多生态系统而言，每10年0.25℃是一个很快的变化速度。

除温度、降水及其他一些气候要素的预测之外，影响全球变暖最大的可能是气候极端事件——干旱、洪涝及风暴的频率、强度和发生地点的变化。

气候变暖对人类社会可能带来的影响可归纳为以下几点：

①由于人类活动，环境正以许多方式发生退化，而全球变暖将加速这些退化。对于因地下水的抽取以及维持陆地高度所需沉积物的减少而引起下沉的低洼国家而言，海平面升高将使情况变得更糟。随着某些地区洪涝的增加，由土地过度利用或森林滥伐造成的土壤流失将加剧。在其他地方，大范围的森林砍伐将引起更干旱的气候和难以维持的农业。

②全球变暖将引起许多地方温度和降水的变化，我们必须适应这些变化产生的影响。在许多情形下，这将涉及基础设施的变化，如新的海洋防御设施或水供给系统。气候变化的许多影响都将是不利的，即使在长时期内这些变化能转变成有利的影响，但在短期内的适应过程仍具有负面影响，且需要费用。

③最重要的是对水分供给的影响，在许多地方，无论如何水分供给也将变得愈来愈关键。估计全球相当一部分地区降水将减少，尤其在夏季。在这些地区，降水减少和人类对水的需求量增加的综合结果是径流减少，干旱的可能性将更大。在其他地区，如东南亚季风区，预计将发生更多的洪涝。

④通过对作物和农业措施的改良，即使气候发生变化，全球粮食供给总量也能保持不变。但发达国家和发展中国家之间粮食供给的不均衡将变得更大。

⑤气候变化的可能速率，将对自然生态系统，尤其是在中、高纬度地区的生态系统，产生严重影响，特别是森林受到的影响会更大。在一个变暖的地球上，时间越长，越容易影响到人类的健康。如某些热带疾病（如疟疾）可向更高的纬度传播。

以上各类影响在全球各地会很不一致。

全球变暖是一个复杂的问题，对未来气候变化的预测、对可能产生的影响的科学描述，以及人类应采取的对策都存在着不确定性。人类在行动前尚需权衡行动所需付出的代价与不确定性之间的利弊。

[酸沉降]

酸性污染物通过降水、干沉降或其他方式（如雪、雾等）达到地表。引起环境效应往往是干、湿沉降综合作用的结果。但主要形式是酸性降雨，故习惯上将酸沉降统称为酸雨。

纯净的雨雪降落时，空气中的二氧化碳溶入其中形成碳酸，具有弱酸性。空气中的二氧化碳浓度一般在 330ppm 左右，这时降水的 pH 为 5.6。在清洁空气中还存在如二氧化硫、有机酸等，背景地区的降水 pH 一般为 5.0。如果降水 pH 降至 5.0 以下，认为降水呈酸性，这一地区的降水受到人类活动的影响。

实际上，判断是否存在酸沉降，不能只采用 pH 一个指标。大气降水的酸度与降水中酸性和碱性物质的性质及相对比例有关。降水的酸度可用降水中主要阴、阳离子的平衡来表示：

$$[SO_4^{2-}]+[NO_3^-]+[Cl^-]+[HCO_3^-]=$$
$$[Ca^{2+}]+[NH_4^+]+[Na^+]+[K^+]+[Mg^{2+}]+[H^+]$$

如果降水中表示酸的硫酸根离子（SO_4^{2-}）和硝酸根离子（NO_3^-）的浓度较高，降水中代表碱性物质的几种主要阳离子浓度也较高，降水就不会有很高的酸度，甚至可能呈碱性，如中国北方碱性土壤地区或大气中颗粒物浓度高时常出现这种情况；反之，即使大气中二氧化硫和氮氧化物浓度不高，但碱性物质相对更少，降水仍会有较高的酸度。

概述 酸雨是人类面临的最严重的环境问题之一。20 世纪 50 年代以前，世界上降水的 pH 一般大于 5.0，少数工业区曾降酸雨。60 年代起，随着矿物燃料消耗的增多，空气状况急剧恶化，越来越多的地区降水的 pH 降到 5.0 以下，形成欧洲、北美和东亚三大酸雨区，对生态系统造成严重伤害。

中国对酸雨的研究始于 20 世纪 80 年代初。中国约 1/3 的国土受到酸雨污染，西南、华南、华中和东南沿海等地是酸雨重污染区，是继欧洲和北美之后的世界第三大酸雨区，且降雨的酸度和降酸雨的面积在增加。在此基础上，国家划定了酸雨控制区，并于 1998 年编制了酸雨控制国家方案，1999 年制定了酸雨控制区和二氧化硫控制区规划。

成因 酸雨形成是一个十分复杂的过程，涉及大气中的氧化剂、酸性物质和碱性物质，包括污染源的排放、大气输送和转化以及大气沉降等过程。从天然源和人为源排放出的硫氧化物、氮氧化物和挥发性碳氢化物在大气输送过程中，在太阳光的照射下，发生复杂的化学反应，物种的存在形式不断从低氧化态转化为高氧化态，大气的氧化性逐渐增强，硫氧化物转化为硫酸，氮氧化物转化为硝酸，挥发性碳氢化物转化为有机酸，从而导致酸性降水。

根据酸性物质形成的途径和降水的形式，可将酸雨的成因分为云中致酸和云下致酸。云中致酸指在云的形成过程中大气污染物（酸性物质和氧化剂）进入云水，并在云水中不断反应生成酸性物质从而使云水酸化；云下致酸则指雨水离开云基后冲刷近地层大气，吸附大气污染物，并在雨滴内不断反应生成酸性物质而使雨水酸化。与此同时，大气中存在的碱性物质（碱性气体和碱性颗粒物）也会进入降水，对降水的酸性起一定的中和作用。

危害 主要表现在：①对土壤的危害。在酸沉降的情况下，土壤中的钙、镁、钾和钠等营养元素被淋溶，导致土壤日益酸化、贫瘠化。酸化的土壤影响微生物的活性，进而抑制土壤中有机物的分解和氮的固定。②对水生生态的危害。酸雨可使湖泊、河流等地表水酸化，污染饮用水源。水质变酸还会引起水生生态结构上的变化，鱼类会减少甚至绝迹。③对植物的危害。受到酸雨侵蚀的叶子，叶绿素含量降低，光合作用受阻，致使农作物产量降低，森林生长速度降低。④对材料和文物古迹的危害。酸雨加速许多用于建筑结构、桥梁、水坝、工业装备、供水管网及通信电缆等的材料的腐蚀，还能严重损害文物古迹、历史建筑以及其他重要文化设施。

[农业气象灾害]

不利气象条件给农业造成损失的自然灾害。由于天气、气候反常，如雨量过多或过少，雨季到来过早或过迟，温度过高或过低，霜冻到来过早或结束过迟，风力过大，空气湿度过低等给农业生产造成不同程度的损害：农作物、家畜受伤或死亡，产量降低乃至绝产，品质变劣甚至失去经济价值，延误农业生产正常进行、缩短农业生产季节，破坏农田和农业设施。农业气象灾害如大范围、持续发生还会导致农村经济破产。

类型 按农业气象灾害起因可分为单因子和综合因子两类。单因子的有由温度引起的冻害、霜冻害、冷害、寒害、热害、日灼等；由水分引起的旱害、洪涝害、湿害、雪害、雹害等；由风引起的风害、风蚀等。由多种气象因子综合引起的有干热风、暴风雪、冷雨、冻涝害等。具体农业气象灾害还可根据其发生、为害季节划分为春霜冻、秋霜冻、春旱、夏旱、伏旱、秋旱、春夏连旱等类型。按农业气象灾害发生强度可分为强、中、弱；按农业受灾程度可分为重、中、轻；按受灾范围可分为特大、大、中、小。有些农业气象灾害还可以进一步划分为若干型，如干热风就有高温低湿型和雨后青枯型；小麦冻害分为初冬温度骤降型、冬季长寒型和初春融冻型。

危害 农业气象灾害是对农业为害最大的自然灾害，其中旱、涝灾害尤为突出。1971 年日本北海道因冷害，水稻收成指数仅为平年的 66%。1972 ～ 1974 年非洲撒哈拉以南地区、东欧、大洋洲、美洲等地发生严重旱害，从而造成世界粮食紧张，并危及了世界畜牧业。全球每年因旱涝灾害给农业造成的直接经济损失占所有自然灾害给农业造成直接经济损失的 55%以上。中国自古以来农业气象灾害频繁。公元前 16 ～前 11 世纪商代就有了旱害的记载。公元前 2 世纪汉代曾连年发生大范围的旱害。公元前 1766 ～ 1937 年共发生旱害 1074 次，涝害 1058 次，雹害 550 次，风害 518 次，霜雪害 203 次，农业气象灾害发生次数占同期自然灾害总数的 65%。公元前 206 ～ 1949 年共发生旱害 1056 年次，洪涝灾害 1092 年次，平均约 2 年各发生 1 次。古籍中常用“赤地千里”“漂害人庶”“路有饿殍”来描述灾情。1950 ～ 1979 年的 30 年间，中国因农业气象灾害造成的粮食减产累计达 3.06 亿吨。1991 年夏季，江淮流域发生的特大洪涝灾害，受灾面积 2100 万公顷，成灾 1300 万公顷，造成经济损失 685 亿元。由于包括农业气象灾害在内的自然灾害给世界各地造成的经济损失有越来越严重的趋势，引起了国际社会广泛的重视，联合国曾将 1990 ～ 2000 年定为国际减轻自然灾害十年，许多国家还制定了减灾的中长期规划。但有的灾害天气对农业生产往往既有害，也有利，如台风产生的狂风暴雨对农业生产和人民生活有害，但在某些地区伏旱期间，台风带来的大量降水能减轻甚至解除旱象。

发生、为害规律 农业气象灾害的时间、空间分布十分复杂，但仍有规律可循。相对高温和相对低温时期，多雨和少雨时期往往交替出现。低温时期，冷害、霜冻、冻害等发生比较频繁；多雨时期洪涝灾害、湿害发生较多；少雨时期则旱害发生频率较高。农业气象灾害的地理分布：北半球多于南半球，低纬度多于高纬度，大陆性气候区多于海洋性气候区，温带多于寒带和热带。不同地区农业气象灾害类型不同。北半球异常低温比异常高温发生次数多 1.4 倍，异常多雨与异常少雨差异不大。半干旱地带以旱害为主，中纬度地带旱、涝、低温、冻害都比较严重。孟加拉国、印度、巴基斯坦是受涝害最多的国家，中东、北非、中国西部、澳大利亚、美国西部、墨西哥北部旱害较为严重。俄罗斯主要是旱害、旱风和越冬作物冻害。加拿大主要是霜冻、冻害和旱害。欧洲发生低温灾害较多。日本北部主要是冷害，南部主要是风害和洪涝灾害。中国农业气象灾害分布的一般规律是东部多于西部；亚热带与温带的过渡带、湿润地区与半湿润地区分界处旱、涝灾害多；农牧过渡带受季风强弱与进退的影响大，农业气象灾害频繁；旱害有从东南沿海向西北内陆加重的趋势，华北地区春旱最重，湖南、湖北、江西和浙江西部伏旱发生最为频繁；东部和南部地区涝害发生次数较多；冷害以东北地区最为严重；冬小麦种植区的北界附近越冬冻害发生比较严重，向南逐渐减轻；冰雹多发生在山区和山前平原地区。由于中国地理和大气环流原因，使得一些地区出现严重干旱的同时，而另一些地区会发生洪涝灾害。还有同一地区，在一年中发生春夏持续旱害后，接着又发生严重的洪涝害。有些农业气象灾害的发生是大面积的，有些只在局部地区小范围发生。由此看出农业气象灾害发生具有明显的地域性和季节性。

综合防御措施 ①针对当地主要农业气象灾害，加强农田基本建设是防灾抗灾的根本措施。在以旱、涝为主的地区，完善农田灌排体系，修建集雨场，蓄水塘、窖，做到旱可灌、涝可排可蓄；平整土地，修建梯田、水平沟，实行等高种植可有效地贮雨纳墒，减少农田径流、冲刷；在多风害、风雪害地区，营造防风林、农田防护林可削弱风害，改善农田环境。②建立适于当地资源环境的农业生态系统，使种植业、林果业、畜牧业有一合理的结构，相互促进，全面发展，强化系统的抗灾能力。灾害性天气对农、林、牧业的影响不同，这种多元结构即使某些方面受灾，也可从系统内其他方面得到弥补，保持农村经济的稳定性。③农业合理布局，躲避农业气象灾害为害。农业气象灾害的为害与地形、地势关系密切。岗地易受旱害，洼地易遭涝害、霜冻，迎风坡、山口处易受风害、冻害。针对当地农业气象灾害的分布特点，进行合理布局，在高寒岗地种植生育期短、抗旱抗寒作物，发展牧草、灌木；在低洼地种植耐涝喜湿作物，发展淡水养殖；喜温作物选择背风向阳、冷空气难进易出地形种植可以有效防御低温灾害。④开发利用抗灾防灾实用技术防御农业气象灾害。包括：培育、选用抗逆性强的作物品种；设计和推广抗风、防寒、通风性能好的温室、塑料大棚、畜禽舍等农业保护性设施；开发利用抗旱剂、抗寒剂、防霜剂、防雹火箭等人工防灾技术。⑤加强农业气象灾害的监测和预报，及时发布农业气象灾害信息，变被动防灾为主动防灾。进一步应用电子计算机和卫星遥感技术，不断提高农业气象灾害预报水平，改善防灾的信息服务。

[森林气象灾害]

对林木生长发育造成危害的天气。包括低温、高温、干旱、洪涝、雪害、风害、雨凇、雹害及大气污染等。当气象因子超过林木所能适应的最高或最低极限时，则生长发育受到抑制、损伤，甚至死亡。

低温害 ①霜冻。林木因骤降至0℃以下低温，丧失生理活力而受害或死亡。晚秋的早霜冻对生长尚未结束的树木为害较重；初春树木刚开始萌动，易受晚霜冻害。白蜡树、水青冈、刺槐对霜冻比较敏感。山杨、桦等对霜冻抵抗力较强。②寒害。0℃以上的低温对热带林木生长发育造成的危害。如橡胶树、轻木等在温度低于5℃时即可出现寒害。③冻拔。因土层结冰抬起树木根部致害。危害对象多是苗木和幼林。④冻裂。温度骤降时树干表皮比内部收缩快而造成。树的向阳面、林缘木、孤立木冻裂现象较重。⑤生理干旱。土壤结冻，树木因根系不能吸收土壤水分而导致失水干枯甚至死亡，对幼林的为害大。

高温害 外界温度高于树木所能忍受的高温极限时，可引起生理功能失调，最终导致死亡。①皮烧。主要发生于树皮光滑的成年树如冷杉、云杉。林木向阳面较易发生，受害后树皮局部死亡。②根颈灼烧。因土壤表面温度过高，灼烧幼苗根茎的危害。盛夏中午地表温度达40℃以上，幼苗于土表下2毫米至土表上2～3毫米间皮层受害。

干旱 土壤含水量严重不足对树木造成的危害。可导致生长减缓，甚至干枯死亡。枫杨、水杉等耐旱能力较差的树种易受害。而松树、侧柏、骆驼刺、木麻黄即使在土壤很干旱的情况下也能生长。

洪涝 因降水或其他原因造成土壤及地表水过剩而引起的灾害。树木长期处于淹水状态可窒息死亡。

雪害 因树冠积雪过重造成雪压、雪折危害。湿雪甚于干雪，针叶树甚于落叶阔叶树，人工林甚于天然林，单层林甚于复层林。

风害 风对树木造成的危害，如风倒、风折。浅根树易发生风倒。森林的抗风力取决于林分密度和林况：密林中的树木抗风力弱，采伐后新露出的林缘木易风倒。

雨凇 是过冷却雨滴在温度低于 0℃时的树枝上结成的冰层，多形成于树木的迎风面。由于冰层不断加厚，常压断树枝，对林木造成严重破坏。

雹害 冰雹常给林木枝叶、干皮、种实造成伤害，尤其对苗圃、种子园为害严重。

气象污染危害 大气中的污染物质超过树木的自净能力和忍耐程度时，对树木造成的危害。不同树种抗污染的能力不同。如二氧化硫浓度为 3 毫克 / 千克时，1 小时内柳杉即出现受害症状。污染物浓度越大，时间越长，为害越重。

第五章 气象组织和活动

[国际气象和大气科学协会]

国际大地测量学和地球物理学联合会（IUGG）的 7 个专门协会之一。其基本宗旨是促进大气科学的研究，尤其致力于组织、促进和协调需要国际合作的研究项目，开展学术讨论和展示研究成果以及向大众普及本领域的科学知识。

国际气象和大气科学协会的前身是 1922 年国际大地测量和地球物理学联合会第一次代表大会时的气象处，1930 年更名为国际气象协会，1957 年又改为国际气象和大气物理协会（IAMAP），从 1993 年开始使用现在的名称。

协会由办公署、秘书处、执行委员会、代表大会、协会内部由代表大会组建的研究特定问题的专业科学委员会和由协会与其他机构就共同感兴趣的问题成立的联合科学委员会等机构组成。其中的 10 个专业科学委员会分别是：国际大气化学和全球污染委员会（ICACGP）、国际大气电学委员会（ICAE）、国际气候学委员会（ICCL）、国际云和降水委员会（ICCP）、国际动力气象学委员会（ICDM）、国际气象和中层大气委员会（ICMA）、国际行星大气及其演变委员会（ICPAE）、国际极地气象学委员会（ICPM）、国际大气臭氧委员会（IOC）和国际辐射委员会（IRC）。

协会活动内容相当广泛，涉及辐射测量、大气电学、大气臭氧、人工影响天气、云物理学、海一气关系、日一地关系、气候变化等各方面，其中比较重要的大型国际活动有中层大气研究计划（MAP）、参与全球大气研究计划（GARP）和世界气候计划（WCP）等。主要出版物有大会报告、新闻公报和一些不定期专业性论文集。

[全球大气研究计划]

世界气象组织和国际科学联盟理事会（ICSU）共同发起和组织的一项全球大气综合研究计划。全球大气研究计划（GARP）的初步方案在 1965 年提出，第一次全球试验于 1979 年 11 月 30 日实施完毕，从第二次试验开始，该计划纳入世界气候研究计划，成为世界气候研究计划的组成部分。GARP 是现代大气科学试验和研究国际合作最早成功实施的范例之一，试验取得的成就和经验为 20 世纪 80 年代以后陆续开展的多项国际大气和环境科学试验研究奠定了基础。

目的和任务　GARP 着眼于大气对流层和平流层中的各种重要的物理过程，通过进一步认识控制大气大尺度运动的规律，提高从几天到数周时间尺度天气预报的准确性。为达到这一目的，该计划组织全球性的大气观测试验和研究，设计用数值方法描述大气中各种重要物理过程及其相互作用的模式，并在观测中加以验证。

第一次全球试验（FGGE）　来自包括中国在内的 18 个国家的专家组成了政府间专家委员会，负责协调约有 80 个国家和国际组织参加的试验。试验分两个阶段，预备性试验从 1977 年 12 月 1 日至 1978 年 11 月 30 日，1978 年 12 月 1 日至 1979 年 11 月 30 日开展了正式试验。正式试验期中的 1979 年 1 月 5 日至 3 月 5 日和 5 月 1 日至 6 月 30 日为两个特别观测期，在两个特别观测期内的 1 月 15 日至 2 月 13 日和 5 月 10 日至 6 月 8 日为加强观测期。

试验依靠的观测系统以世界天气监视网为主体，在特别观测期增加了热带赤道地区以船舶探空、机载下投探空仪观测和热带定高气球观测组成的特殊观测系统作为常规观测的补充。另外还在南半球海洋上投放了约 300 个漂移型海洋气象浮标。

副计划

为有成效地推动全球大气研究计划的实施，在第一次全球试验之前和试验期间，还在一些具有特殊意义的地区进行了重点的试验研究，这些属于全球大气研究计划副计划的项目如下。

大西洋热带试验（GATE） 1974 年 6 月至 9 月在大西洋热带海区及其邻近地区实施。美国、苏联、英国、法国和加拿大等十几个国家参加了试验。试验通过对各种尺度热带扰动的观测和研究，加深了对各种尺度天气系统之间相互作用的了解，观测数据还用于验证和改进热带数值预报模式。

气团变性试验（AMTEX） 1974 年 2 月和 1975 年 2 月两次在以日本西南诸岛为中心的海域实施。参加试验的日本、美国、澳大利亚和加拿大等国家的科学家通过试验研究极地大陆气团进入东海和西太平洋后的变性过程。

季风试验（MONEX） 试验由三部分组成：①夏季季风试验，于 1978 年 5 月 1 日至 8 月 31 日在以阿拉伯海和孟加拉湾为主的试验区内进行；②冬季季风试验，于 1978 年 12 月 1 日至 1979 年 3 月 5 日在东印度洋和以中国南海为中心的东南亚地区进行；③西非季风试验，于 1979 年 5 月 1 日至 8 月 31 日在西非和中非有关地区进行。来自 20 多个国家的科学家参加了与季风有关的试验，目的是对季风的地区性和季节性变化及其与大气环流的关系展开研究，改进海－气耦合模式，从而提高季风长期预报的准确性。

极地试验（POLEX）　分为北极试验和南极试验两部分，于 1979 ～ 1980 年实施。试验着眼于研究两个极区的大气过程在全球海－气系统中的作用，以及它们在全球大气环流中的作用。在积累极区资料的同时改进高纬度数值模式。各有大约十来个国家参加了这两部分试验。

中国科学家积极参加了全球大气研究计划第一次全球试验，中国作为小组成员于 1978 年 6 月参加了第一次全球试验政府间专家小组委员会，在各个相关试验期间进行了统一观测，还派出了海洋调查船参加了热带赤道地区的特殊观测。

[世界气候计划]

世界气象组织（WMO）发起和组织的全球性气候研究合作计划。WMO 从成立之初就一直关注全球气候变化问题。20 世纪 60 ～ 70 年代，随着粮食需求、能源供给和人口增长给环境带来的压力不断增大，一些描述世界气候灾难性变化的言论随处可闻。作为世界气象事务的权威机构和联合国的专门机构的 WMO，面临就气候变化方方面面的问题，提出客观、科学和权威阐述的挑战。

1975 年召开的 WMO 第七次大会上，在全面讨论气候问题的基础上提出了召开世界气候大会的设想。1976 年 WMO 发表第一份全球气候已受到威胁的宣言。1979 年第一届世界气候大会之后，WMO 制订了世界气候计划（WCP），这一计划成为气候领域国际行动的基础。该计划还使得成员国在气候监测、气候变化检测、气候数据库的建立、挽救正在消损的数据记录和维护以往的观测记录，以及将气候信息应用于不同的社会经济活动之中的能力得到加强。

WCP 包含 4 项子计划，它们从不同的角度为认识全球气候作出贡献。

世界气候资料和监测计划（WCDMP）　致力于促进气候资料的有效收集和管理，提高对全球气候系统变率和变化的监测水平。

世界气候知识应用和服务计划（WCASP） 鼓励气候知识和信息的有效应用以使社会受益。

世界气候影响评估和应对战略计划（WCIRP） 对可能会对经济和社会活动造成重大影响的气候变率的影响进行评估并提供气候服务，包括帮助各国政府和团体制定社会经济应对战略。

世界气候研究计划（WCRP） 通过实施包括针对世界海洋环流和全球能量与水循环的各种研究项目，研究气候系统本身，它的变率和可预报性。WCRP的科学发现在认识和预报厄尔尼诺和南方涛动（简称ENSO）事件并取得进展过程中起着关键性作用。在WCRP所涉及的研究工作中，已经形成了一些全球性多方参与的多学科科学战略，对研究气候和气候变化的物理学内容带来了广泛的机遇。全球气候模式的改进是WCRP的重要组成部分，这样的模式是了解和预报自然气候变化、对人类活动造成的气候变化给出可靠估计的主要工具，模式还能用于根据对大气未来状态的估计制定灾害应对战略。

[世界气象组织]

协调世界各国气象业务和其他有关活动的政府间国际机构。总部设在瑞士的日内瓦。截至目前，成员达到191个国家和地区。它的前身是1878年成立的非政府间机构——国际气象组织。

国际气象组织的非官方地位与其在确保经济技术发展中的重要作用严重不符，在美国华盛顿召开的第十二届气象局长会议期间，31个国家的代表于1947年10月11日签署了世界气象组织公约，决定成立一个新的政府间机构。1950年3月23日，按照公约的规定，即第30份批准书或加入书交存之后第30日，世界气象组织公约生效，国际气象组织正式转变为世界气象组织（WMO）。1951年WMO成为联合国的专门机构。

宗旨 促进气象观测站网建设方面的国际合作，促进建立和维持气象资料的快速交换，促进气象观测的标准化和推进气象学在航空、航海、水利、农业和其他领域的应用，促进水文业务的开展和气象与水文部门之间的合作，鼓励气象及相关领域内的研究和培训的开展。

机构 ①每4年召开一次的世界气象大会，它是会员代表的总集会，是WMO的最高权力机构。②执行理事会，是WMO的执行机构，每年至少召开一届会议。③区域协会，负责协调本区域内的有关活动。全球共分为六个区域：Ⅰ区，非洲；Ⅱ区，亚洲；Ⅲ区，南美洲；Ⅳ区，北美和中美；Ⅴ区，西南太平洋；Ⅵ区，欧洲。④技术委员会，研究不同领域相关技术问题，并向大会和执行理事会提出建议。目前WMO设有8个技术委员会：航空气象学委员会（CAeM）、农业气象学委员会（CAgM）、大气科学委员会（CAS）、基本系统委员会（CBS）、水文学委员会（CHy）、仪器和观测方法委员会（CIMO）、海洋气象学委员会（CMM）及气象学和气候学专门应用委员会（CoSAMC）。⑤秘书处，负责处理日常事务。

活动 50多年来世界气象组织开展了一系列卓有成效的活动，推进了气象学、水文学和相关地球物理科学的发展并使之应用于人类的安康。1963年世界天气监视网（WWW）项目开始实施。WMO与国际科学联盟理事会（ICSU）于1967年合作开展了全球大气研究计划（GARP）。1972年在瑞典斯德哥尔摩召开的联合国关于人类环境大会的准备工作中，WMO作出重要贡献，这次大会促成了联合国环境规划署（UNEP）的成立。1975年，WMO发表了第一份关于臭氧层变化的科学宣言，使得在1977年制订了第一个臭氧层保护国际行动计划。在20世纪最后25年，WMO成为警示国际社会与气候变化带来的潜在影响进行抗争的急先锋。1976年WMO发表了第一份全球气候已受到威胁的宣言。1979年第一届世界气候大会之后，WMO制订了世界气候计划（WCP），这一计划已成为气候领域国际行动的基础。世界气候计划，特别是其中的重要组成部分世界气候研究计划（WCRP）的科学发现，使WMO和联合国环境规划署（UNEP）于1988年共同成立了政府间气候变化专门委员会（IPCC），对气候变化及其潜在影响的科学信息进行评估并制定应对战略。WMO 还开展了一些其他与气候相关的活动：组织第二届世界气候大会（1990 年）；与 UNEP 一起召集《联合国气候变化框架公约》（UNFCCC）政府间谈判委员会的第一次会议；与其他合作者一起在 1993 年建立全球气候观测系统（GCOS），以适应通过大气、陆地表面和海洋上的观测用来监测气候系统的需要；合作发起全球海洋观测系统（GOOS）和全球地面观测系统（GTOS）；制定气候议程作为与气候相关的国际项目的全面一体化框架。20 世纪 90 年代建立了世界水文圈观测系统（WHYCOS），WMO 通过这一系统支持区域和全球观测站网综合系统中与水有关的资料和信息的收集和传发。

世界气象组织日内瓦新总部办公大楼

1960 年世界气象组织决定每年 3 月 23 日为“世界气象日”，各成员国（或地区）的有关部门通常在这一天举行一些专题庆祝活动。

中国是世界气象组织的创始国之一，1971 年中国恢复在联合国的合法地位后，1972 年 2 月 24 日世界气象组织恢复了中国的合法席位。中国气象和水文部门积极参与了 WMO 的各项业务、科研和技术等国际气象合作活动。中国气象局前局长邹竞蒙在 1983 年第九次 WMO 大会上当选为第二副主席，1987 年和 1991 年又连续两次当选为 WMO 主席。

[世界天气监视网]

由世界气象组织主持的全球性天气监视业务体系计划。该计划自 20 世纪 60 年代实施以来，一直在世界气象组织的各种活动中具有优先地位。今天世界天气监视网（WWW）协调处理标准的气象和海洋资料的收集、处理和分发，这些资料来自10000多个陆地站、1000多个高空站、7300余只船舶、300多个系留站、600多个浮标站以及每天超过3000架次飞机和众多极轨和静止气象卫星。WWW的三个世界气象中心、34个区域专门气象中心和188个国家和地区气象中心组成独一无二的网络协调工作，在全世界范围内每天实时收集、处理和传输1500万个以上数据字符和2000张天气图，全年不间断地为世界上每一个国家和地区服务。

背景　1957年10月4日苏联发射了第一颗人造地球卫星，将人类带入了空间探测时代。1961年12月20日第16届联合国大会通过了关于“和平利用外层空间”的决议，为卫星广泛用于改善气象服务和推动大气科学研究打下了基础。1962年12月第17届联合国大会通过决议，批准了世界气象组织和各会员国提交的气象卫星应用的报告，认为世界气象组织应努力把世界天气监视网建成一个能满足各国气象部门需求的业务系统。1963年第四次世界气象大会讨论并通过了世界天气监视网计划，一些计划中的细节完善后1967年第五次世界气象大会正式通过了1968～1971年期间的世界天气监视网计划，成为气象发展史上的一个里程碑。

构成　WWW在组织结构上由三个紧密联系的核心系统构成。①全球观测系统（GOS）。依靠全球各地和来自外层空间的观测站网提供描述大气和海洋表面状况的高质量和标准化的观测资料。②全球电信系统（GTS）。连接气象通信中心的综合通信网络，可以快速收集和分发气象资料。GTS的三个主干电信网路分别位于墨尔本、莫斯科和华盛顿。北京是GTS的区域气象电信网之一。③全球资料处理系统（GDPS）。通过世界气象中心、区域气象中心和国家气象中心向世界气象组织（WMO）成员提供高效益的气象分析和预报产品，并为相关的科学项目服务。此外，WWW的资料管理机构负责管理整个系统三个部分获得的资料。快速反应行动组（ERA）负责当严重自然灾害或战争，尤其是核战争等突发事件发生时帮助各国气象水文机构采取有效减少人员和财产损失的措施。

观测　WWW的作用和功能的改进，主要体现在对各种环境要素的观测和观测手段的改进上。①大气观测。近年来大气观测出现了用自动化系统取代人工观测仪器的趋势，自动观测系统可以更频繁地进行观测，还可以在边远地区开展以前没有过的观测，因此明显增加了观测次数和地理覆盖范围。目前全球探空网的1000多个站每天至少给出一次无线电探空结果。在最近几十年，研制出可以让商业飞机携带并在飞行中进行观测的仪器，有效地增加了高空观测次数。机外传感器测量温度、气压和湍流，同时飞机内的导航系统可以计算出位置、高度和风速。②海洋监测。用于陆地观测的气象仪器也被安装在船舶中进行观测。目前国际商业舰船中有5500多艘自愿观测船舶，开展常规的气象观测和发报。近年来出现的悬浮在海洋表面的浮标站，定时进行对监测天气和气候意义重大的观测并发送观测结果。③卫星监测。目前6颗近极地轨道和5颗地球静止轨道卫星，形成了空间WWW。装载在卫星上的数目繁多的各类仪器，给出了覆盖全球的各种观测结果，包括温度测量、大气湿度廓线、海冰和雪量的覆盖范围、云迹风、海洋波高度和有关海面风、变化的海面地形和降水率的估算。卫星还能对一系列与气候有关的环境变量，如陆地植物的生长率和海洋水面的生物活动等进行观测。越来越多的环境卫星资料被用来监测天气灾害。④雷达监测。20世纪中期以来，雷达已经成为观测猛烈雷暴中恶劣天气事件，包括龙卷风的最主要手段。分析更先进的多普勒雷达信号，可以确定风暴环流中云粒子运动的速度。雷达还能给出风暴系统的三维结构的详细画面，包括风场的强度，可造成灾害的冰粒和强降水的出现。雷达对监测和提供恶劣风暴加强和运动，特别是对龙卷风和机场附近的大风的早期预警十分重要。⑤大气成分观测。人类活动对气候的影响是多方面的，但最主要的是污染物和气溶胶的排放。22个全球观测站和超过200个地区观测站的建立，就是为了提供大气的化学成分和相关物理特性及其趋势的资料。当然观测站也监测温室气体、臭氧浓度、气溶胶和紫外线辐射等。

[政府间气候变化专门委员会]

世界气象组织（WMO）和联合国环境规划署（UNEP）于 1988 年 11 月共同建立的政府间机构。它面向整个国际社会，尤其是向《联合国气候变化框架公约》（UNFCCC）的缔约方（到 2015 年已经有近 200 个国家和地区）提供和气候变化有关的科学、技术和社会经济的咨询和评估意见。政府间气候变化专门委员会（IPCC）虽然是较晚成立的国际机构，但由于气候变化带来的环境问题不仅是一个科学问题，还是一个涉及各国和不同国际集团利益的政治和经济问题，因此受到极大的关注。

背景 早在 1976 年 WMO 就注意到了大气中二氧化碳增加的观测结果，第一次发表了关于温室气体在大气层中累计增加对我们未来气候造成的潜在影响的权威陈述。1979 年 WMO 召集了第一次世界气候大会，制订和开始实施世界气候计划（WCP）。1988 年为更好地解决人类活动对气候的影响和气候变化对国家经济，尤其是发展中国家经济的潜在影响等国际化问题，WMO 和 UNEP 共同建立了政府间气候变化专门委员会。

机构 IPCC 主席团是最高决策机构，由主席、三名副主席、三个工作组的联合主席和副主席以及国家温室气体清单专门小组联合主席组成。主席团成员须具有平衡的地理代表性，他们在科学技术上应具有相当的资历。IPCC 的三个工作组的两名联合主席应分别来自发展中国家和发达国家。第一工作组评估气候系统和气候变化的科学问题；第二工作组研究人类和自然系统针对气候变化表现出的脆弱性，气候变化的正负两方面影响及其适应策略；第三工作组评估限制温室气体排放和减缓气候变化的方案，以及经济方面的问题。IPCC 各项工作的开展，主要依靠 3000 多名来自世界各国的科学家和其他专家，他们在统一协调下参与研究、起草、评论和定稿 IPCC 关于气候变化方面的报告。这些科学家和专家隶属于不同的自然科学和社会、经济等领域，例如气候学、水供给、农业、海洋学、森林学、可持续发展、权益事物和成本估算法等。气候研究是中国科技界与国际接轨最充分的领域之一，在 IPCC 中活跃着一批中国科学家。

评估报告 IPCC 成立后，已经发表一系列评估报告、技术报告、方法论和其他出版物，成为世界各国的政策制定者、科学家和其他专家广泛使用的标准参考物，其中已经发表的 4 份由世界各地不同领域的专家撰写的对有关气候变化的科学成果以及技术、经济信息综合的分析与评估报告最重要。在 1990 年发表第一次评估报告后，WMO 和 UNEP 开始主持就达成一个关于气候变化的框架协议进行谈判。1995 年发表的第二次评估报告促进了《联合国气候变化框架公约》（UNFCCC）东京条约的谈判。在 2001 年 9 月发表的第三次评估报告中，IPCC 得到的结论是“有新的和更有力的证据表明，过去 50 年来观测到的绝大部分变暖是人类活动的结果”。报告还对未来的气候进行了预测，指出全球平均地表温度将在 1990 ～ 2100 年提高 1.4 ～ 5.8℃。这一预测的变暖速率比 20 世纪观测到的变化要大得多。估计海平面高度在 1990 ～ 2100 年上升 9 ～ 88 厘米。这将对很多地区造成威胁并产生重要的社会经济影响。IPCC 的第四次评估报告在 2007 年发表。这份报告的《决策者摘要》明确指出，全球气候系统的变暖是“明确无疑”的，日益增高的全球大气和海洋温度、正在升高的全球海平面以及冰雪的减少都确证了这一点。报告再次发出警告，如果不采取行动，人类活动导致的气候变化可能带来一些“突然的或不可逆的”影响。与前三次评估相比，这份最新评估报告更详尽、更明确地叙述了全球变暖造成的潜在恶果，并向各国政府提出具体的适应和减缓等应对建议。2013 年 IPCC 发布了第五次评估报告，相比之前的评估报告，本报告更为肯定地指出一项事实，即温室气体排放以及其他人为驱动因子已成为自 20 世纪中期以来气候变暖的主要原因。大幅和持续减少温室气体排放是限制气候变化风险的核心。IPCC 的评估报告如同催化剂，促进了针对气候的多学科的研究，这些研究跨领域认识气候环境问题和潜在的影响，将有利于国际社会协调努力，保护已经不断恶化的全球气候环境，促进可持续发展。IPCC 第六次评估报告将于 2022 年按照一定的程序编辑完成。

[中国气象观测网]

由中国许多气象观测台站所组成的大气探测系统。这些气象观测台站分布于不同地理位置，按照统一的观测规范，对大气温度、气压、湿度、风、云、降水、辐射等气象要素进行长期不间断的观测，为监测大气和天气预报、气候预测提供基本观测资料。

中国用现代观测仪器设立专门的气象观测站始于 19 世纪 40 年代。鸦片战争后，俄、法、英、日、德等国在中国设立了少量气象观测站，其中以 1873 年法国在上海徐家汇、1898 年德国在青岛设立的气象站影响较大。辛亥革命后，中华民国政府于 1912 年在北京设立了中央气象台，这是中国自己最早建立的气象观测站。此后发展缓慢，至 1949 年时全国仅有约 100 个气象站。1949 年 10 月中华人民共和国建立后，至 1959 年年底，中国的地面和高空气象观测网已基本建成，而且统一了观测仪器和观测规范，观测记录质量有了显著提高，为现代大气科学的研究与发展打下了基础。

20 世纪 80 年代以来，中国气象局努力推进气象业务现代化建设，初步建成了门类比较齐全、布局基本合理的气象观测站网，或称之为气象综合探测系统。遍布高山、海岛、荒漠及全国各地的 2600 多个气象台站，组成独具特色的气象台站网。截至 2017 年 6 月，中国已拥有 2422 个国家级地面气象观测站和 57435 个区域气象观测站。1994 年世界上第一个大陆腹地基准本底观象台在中国青海省瓦里关山建成。

1987 年和 1997 年分别建成了由国家卫星气象中心和北京、广州、乌鲁木齐 3 个卫星地面站组成的极轨和静止气象卫星资料接收处理系统。1988 年 9 月和 1990 年 9 月，先后成功发射了两颗“风云”1 号极轨气象试验卫星，1997 年 6 月成功发射“风云”2 号静止试验气象卫星，2004 年 10 月成功发射“风云”2 号业务静止气象卫星，标志着中国大气探测业务迈上一个新台阶。2008 年 5 月，中国第二代极轨气象卫星“风云”3 号发射成功，实现了极轨气象卫星的升级换代。

2016 年 12 月，“风云”4 号卫星发射升空，这是中国最先进的静止轨道气象卫星，承载着静止轨道气象卫星升级换代的使命。根据规划，到 2020 年，中国将总计发射 12 颗“风云”卫星。

[中国气象局]

承担中华人民共和国全国气象工作政府行政管理职能的国务院直属事业单位。前身为 1949 年 12 月 8 日成立的中央人民政府人民革命军事委员会气象局，1953 年转建为中央气象局，1982 年改名为国家气象局，1993 年更名为中国气象局。负责全国气象工作的组织、建设、规划、管理和业务指导，制定、发布气象行政规章，并实施监督检查和依法仲裁等重要职能。1998 年又增加了管理全国城市环境气象预报、火险等级预报的发布职能。中国气象事业是科技型、基础性社会公益事业，坚持“公共气象、安全气象、资源气象”的发展理念，坚持“以人为本，无微不至、无所不在”的服务宗旨。

中国气象局下设直属机构主要如下。

①国家气象中心。又称北京气象中心。国家级的天气预报、气候资料加工处理、气象通信和气候服务中心。发布大范围的灾害性天气预报和警报，向全国提供天气分析预报指导产品，并开展技术指导和咨询服务。也是世界气象组织亚洲区域气象中心。

②国家气候中心。主要任务是从事短期气候预测（月、季、年时间尺度）、气候诊断、气候影响评价、气候应用与服务以及气候变化研究。

③国家卫星气象中心。主要任务是制订与规划中国气象卫星发展计划，建设中国气象卫星资料地面接收处理系统，指导气象卫星与卫星气象科研工作，接收处理存储分发气象卫星资料及产品。至 2016 年 12 月已成功发射了“风云”1 号、2 号、3 号和 4 号等多颗极轨和静止气象卫星。

④中国气象科学研究院。主要任务是综合开展大气科学基础、应用以及技术发展的研究工作，培养硕士、博士等高级气象科技人才。中国气象科学研究院和中国气象局北京城市气象研究所、上海台风研究所、广州热带海洋气象研究所、武汉暴雨研究所、成都高原气象研究所、兰州干旱气象研究所、沈阳大气环境研究所、乌鲁木齐沙漠气象研究所，均是以开展应用基础研究和应用研究为主的国家级气象科技创新基地。

此外还有国家气象信息中心、气象探测中心、气象宣传与科普中心等。

中国气象局已初步建成了由气象综合探测、气象信息网络、基本气象信息加工分析预测和气象信息技术服务 4 个系统组成的气象业务技术体系。

①气象综合探测系统。初步建成了门类比较齐全，布局基本合理的气象综合探测系统。气象台站遍布高山、海岛、荒漠及全国各地，组成独具特色的气象台站网。

②气象信息网络。建成了以邮电公用通信网为主、自建专用通信网为辅、有线无线相结合、国内外相连接、具有一定现代化水平的气象通信网。

③基本气象信息加工分析预测系统。建立了国家气象中心、区域气象中心、省气象台、地区气象台、县气象台站 5 级分工合理，自下而上采集信息，自上而下逐级技术指导，上下结合，以数值天气预报为基础的基本气象信息加工、分析预测系统。

④气象信息技术服务系统。初步建成了天气预报、警报，气候分析应用，科技辐射，农业气象和人工影响局部天气等多种服务手段的现代化的气象服务系统。为国民经济建设开展了全方位、多层次的服务，使气象服务的总体效益显著提高，在为国民经济建设和保障人民生命财产安全，在为各级领导抗灾救灾、指挥生产，在为振兴地方经济的服务中发挥了重要作用。

[大气保护国际条约]

关于大气保护的条约、公约、协定、议定书等法律文件的总称。主要有控制长程越境大气污染、臭氧层保护和控制气候变化三大类。

《长程越境大气污染公约》 1979 年由联合国欧洲经济委员会制定。旨在保护人类及其环境不受来自大气的污染，限制并尽可能逐渐减少和防止大气污染以及长程越境大气污染。公约将欧洲上方的大气作为一个整体实行控制，缔约国主要是欧洲国家、美国和加拿大。公约规定一些防止远程大气污染的基本原则，制定了有关审查、磋商等方面的内部实施机制，主要包括大气质量管理制度、情报交换制度以及协商和合作制度等。公约签署后，欧共体各国又分别在公约下签署《关于负担观测体制资金的议定书》（1984）、《关于削减硫化物排放 30%的议定书》（1985）、《关于削减氮氧化物排放的议定书》（1988）以及《关于削减挥发性有机化合物排放的议定书》（1991），1994 年又签署《关于进一步削减硫化物的议定书》。1980 年美国与加拿大之间交换《关于酸雨问题的备忘录》，之后两国缔结设定数值基准控制酸性物质的《大气质量协定》（1991）。1987 年美国与墨西哥之间缔结《确定二氧化硫控制标准的协定》。

《保护臭氧层维也纳公约》 1985 年在维也纳通过。目的在于保护人类健康和环境，使其免受人类改变或可能改变臭氧层的活动所造成或可能造成的有害影响。公约规定：采取一致措施，控制已发现对臭氧层有不良作用的人类活动；合作进行科学研究和系统观测；交流有关法规、科学和技术领域的信息。公约具有明显的框架条约的性质，对缔约国保护臭氧层的一般义务作了原则性规定，而对实体义务规定得十分笼统和概括。关于具体义务的承担则规定通过附件、议定书来确定与约定。由于这种方式能够被多数国家接受，因此《保护臭氧层维也纳公约》及其体制是现代国际环境立法的一个典范。公约系统地规定了保护臭氧层的目的和缔约国的一般义务，详细规定缔约国为实现一般义务而承担的合作义务，对缔约国间涉及公约解释或适用的争端问题在程序和诉诸方式上作了具体规定。

继公约之后，基于对各国氟氯烃类物质生产、使用、贸易的统计，1987 年通过《蒙特利尔议定书》。1990 年联合国环境规划署召开国际会议，对议定书的内容作了一些调整和修正。中国政府于 1989 年 9 月 11 日正式加入《公约》，并于 1989 年 12 月 10 日生效。

《气候变化框架公约》　1992 年 6 月在巴西签署。从公约的内容看，主要规定缔约国有义务对工业排放的二氧化碳、甲烷等温室气体加以限制，并且建立国际资金机制对发展中国家予以资金支持和技术转让。

[《气候变化框架公约》]

全称《联合国气候变化框架公约》（UNFCCC）。国际社会对全球气候变化问题的关注始于 20 世纪 70 年代。从 1979 年在日内瓦召开第一届世界气候大会以来，世界气象组织和联合国环境规划署加强了对温室效应的科学研究，于 1988 年成立政府间气候变化委员会（IPCC），专门负责有关气候变化的影响评价和对策研究。一系列国际协调委员会会议促成了《气候变化框架公约》的签订。

1992 年 6 月在巴西召开的联合国环境与发展大会上，包括中国在内的 166 个国家签署了这个公约。《气候变化框架公约》是一项原则公约，它为国际社会在对付气候变化问题上加强合作提供法律框架，并对发达国家和发展中国家规定了有区别的义务。在公约中制定的控制气候变化的最终目标是将大气圈中温室气体的浓度稳定在一个水平上，以防止人对气候系统的有害干预。这个水平应该在一个时间框架内达到，以使生态系统自然地适应气候的变化，保证粮食生产不受威胁，并以可持续的方式发展经济。

公约于 1994 年 3 月 21 日正式生效。截至 2016 年 6 月底，共有 197 个缔约方。

在 1997 年 12 月 1 日召开的京都缔约方大会上，形成具有法定约束力的

《京都议定书》。议定书规定发达国家均要限制 6 种温室气体的排放量，在 2008 ～ 2012 年要在 1990 年排放水平的基础上至少减少 5%；同时也确定了实现发达国家与发展中国家在全球气候保护方面“共同但有区别的责任”的原则和基本方法。

2009 年召开的哥本哈根气候变化大会是公约第 15 次缔约方会议，商讨《京都议定书》一期承诺到期后的后续方案，就未来应对气候变化的全球行动签署新的协议。这是继《京都议定书》后又一具有划时代意义的全球气候协议书。

2015 年 12 月，190 多个缔约方在巴黎气候变化大会上达成《巴黎协定》，这是继《京都议定会》后第二份有法律约束力的气候协议，为 2020 年后全球应对气候变化行动作出了安排。

2018 年 4 月 30 日，《联合国气候变化框架公约》新一轮气候谈判在德国波恩举行。